微中子

高能加速器研究機構
多田將 著

中央研究院物理研究所
研究員兼副所長
王子敬 審訂

衛宮紘 譯

挑戰物理學
「最大之謎」，
一本書讀懂
諾貝爾獎的研究

序言

二〇一五年，梶田隆章教授與亞瑟・麥唐納（Arthur B. McDonald）獲頒諾貝爾物理獎，獲獎理由是，由大氣微中子（neutrino）的研究發現微中子振盪。日本大肆報導了這則新聞，基本粒子物理學的話題罕見的成為頭條新聞。

我記得，當時盛大報導的淨是「發現微中子具有質量」這件事，電視上的解說委員費盡唇舌，內容卻未能清楚傳達給觀眾，落入跟過去相同的結果。

在這個世紀大發現中，雖然微中子具有質量很重要，但到底只是附帶的結果，其本質在於「某微中子會隨著時間經過轉為其他微中子」，若未能理解「基本粒子的種類會隨著時間改變」的重要性，說再多也無法理解這項大發現。

某次與長久受到照顧的Eastpress編輯閒話家常時，我提出了上述看法，結果對方說：「若是這樣，請務必將您的觀點寫成書！」我真不該多話的。

我有生以來第一次執筆的書籍，是同間出版社Eastpress同位編輯負責的《基本粒子物理超入門》（すごい実験，台灣東販），內容正是介紹我參與的微中子實驗。這項微中子實驗（T2K實驗），是針對梶田教授團隊開拓的微中子振盪研究，以人工生成的微中子進行更深入的實驗。該本拙著主要是著墨實驗裝置，而這次的執筆主題同樣是微中子，預計聚焦於上次未能深入闡述的微中子振盪現象，與以此為基礎的基本粒子物理學。這兩本書彼此相輔相成，期望讀過《基本粒子物理超入門》的讀者，不要嫌說：「又是基本粒子啊！」請再次拿起本書翻閱。

那麼，就讓我們前往這世上最接近身邊、卻也謎團重重的微中子世界吧。

目錄

第二章　反物質

第三章　微中子的偵測

第四章　微中子振盪

第五章　挑戰終極之謎

第一章

什麼是微中子？

規模浩大的微中子實驗

我叫做多田，請多多指教。

我目前任職於日本高能加速器研究機構的研究室，本部和我的辦公室位於茨城縣筑波市，但白天我會待在同樣位於茨城縣，距離75公里遠東海村的J-PARC實驗設施工作。

以下，我想要邊介紹該實驗設施進行的實驗，邊講解本次的演講主題微中子這個基本粒子，談談它究竟是什麼東西。

J-PARC是個複合設施，能夠同時進行複數實驗，其中我參與的微中子實驗被取名為T2K。

實驗的概要如下：先在J-PARC人工生成微中子，將該微中子射向西方距離三百公里遠的岐阜縣神岡町，名為超級神岡探測器的微中子偵測器。因為是從東海村到神岡（Tokai to Kamioka），所以取名為T2K實驗。

圖1　什麼是T2K實驗？

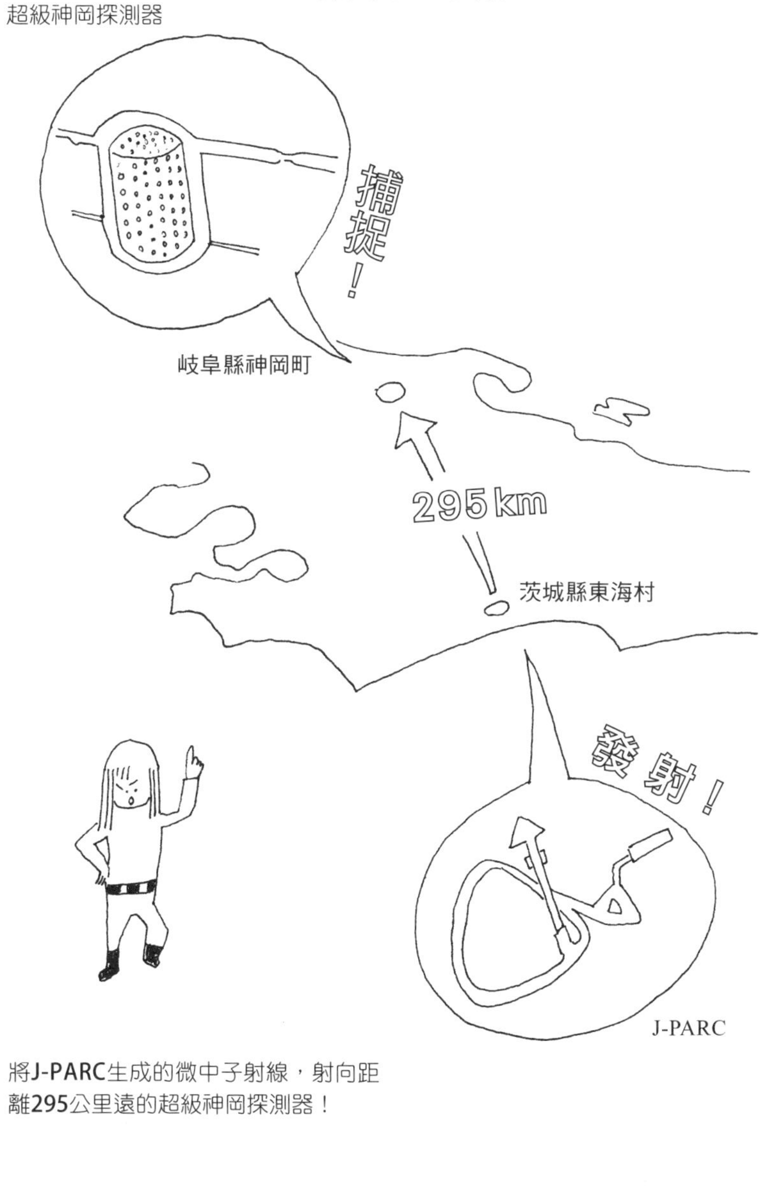

將J-PARC生成的微中子射線，射向距離295公里遠的超級神岡探測器！

在三百公里的飛行距離中，微中子會發生**某種變化**。本實驗就是透過觀測該變化，來調查微中子的性質。如圖1所示，這不是一般關在實驗室裡進行的「實驗」，而是將地球本身當作實驗室的大規模實驗。能夠進行如此浩大的實驗，都多虧了稍後會詳細解說的微中子特殊性質。

雖然這次不會深入提及J-PARC，但會稍微詳細說明基本粒子中的微中子性質，講解這個「變化」是什麼、具有什麼樣的意義，以幫助各位瞭解基本粒子物理學究竟在講些什麼。

自然界的結構

首先，先來談談什麼是基本粒子、什麼是微中子。

我所屬的單位是「高能加速器研究機構 基本粒子原子核研究所」，專業是基本粒子物理學，由於接著要談的是世人不熟悉的領域，需要向初次聽聞的人說明「什麼是基本粒子」。

自然科學分有各式各樣的領域，其分類方法之一是依據「處理概念的規模」來區分。以下試著將自然界分解為不同規模的階層吧。

從宇宙到人類

自然界中最大的概念是宇宙，人類能夠觀測的宇宙規模為1,000,000,000,000,000,000,000,000,000公尺，總共有27個零，龐大得無法想像。

圖2　從宇宙到人類

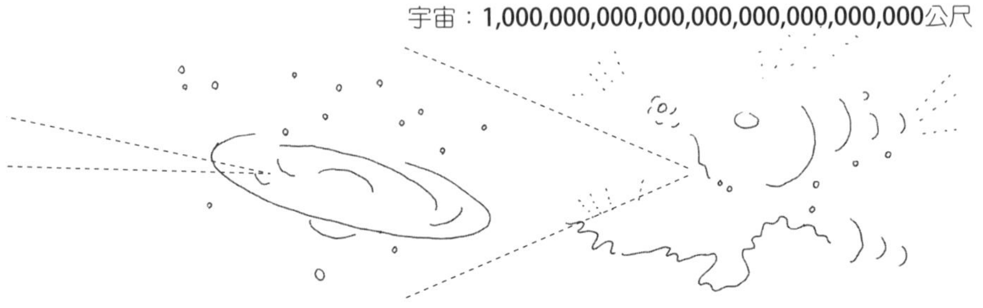

那麼，宇宙是由什麼構成的呢？來試著分解宇宙的構成要素吧！宇宙是由稱為銀河的概念所構成，研究宇宙、銀河的學問是宇宙物理學。

其次，銀河是由什麼構成的呢？銀河是由如我們所居住的太陽系，也就是稱為恆星系的概念所構成。恆星系是以如太陽自行反應（核融合反應）發光的恆星為中心，周圍繞著無法自己發光的行星。

恆星系分解後，就會分成如剛才提到的恆星、行星等個別星體。我們居住的地球也是這種行星之一，直徑為10,000,000公尺。討論到地球時，零變少了許多。處理太陽系星體的學問是行星物理學，而處理地球的領域則是地球物理學。

至於生存在這個地球上的人類，大小為一公尺左右。

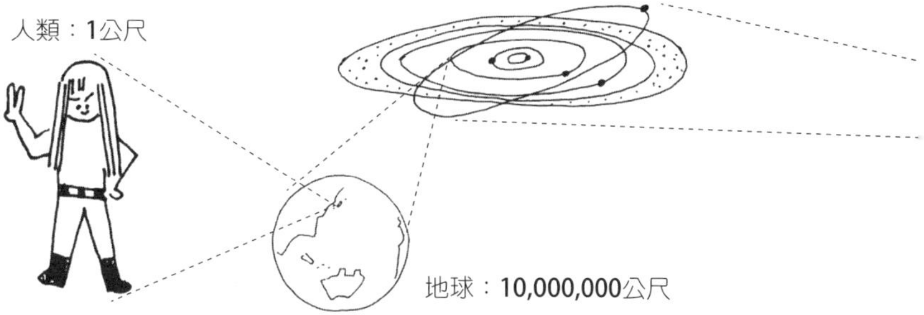

從人類到原子

接著，人類是由什麼構成的呢？試著將人類分解成更小的階層吧。

把人類分解後，可零散地分為內臟，內臟大小約為0.1公尺，研究人類、內臟的學問是醫學。

圖3　從人類到原子

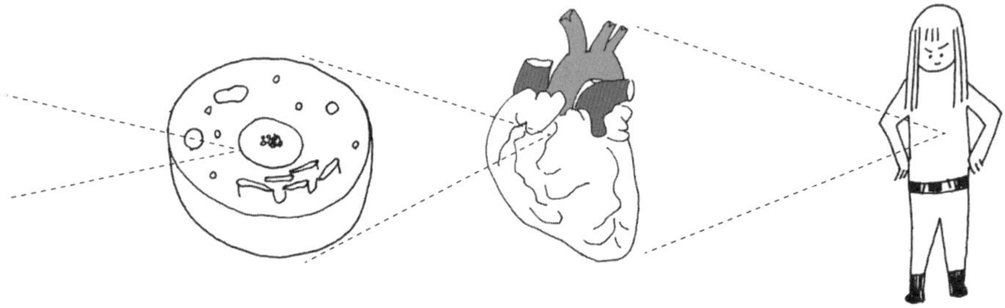

內臟是由什麼構成的呢？內臟是由稱為細胞的物質所構成。典型的細胞大小為十萬分之一公尺，雖然肉眼無法看見，但可用光學顯微鏡來觀察。之所以會說典型，是因為細胞的大小會因種類而異。構成身體的細胞就是剛才提到的典型細胞，但也有大到肉眼可以看見的細胞，比如蛋的卵黃就是一個細胞。研究到細胞大小的學問是生物學。

那麼，細胞是由什麼構成的呢？細胞是由名為分子的物質所構成。研究到分子大小的領域是化學。

我們來試著分解分子吧！由上圖明顯可知，分子是由眾多顆粒聚集而成，每個顆粒是稱為原子的物質。原子的大小為一百億分之一公尺，可見光的波長約為一千分之一

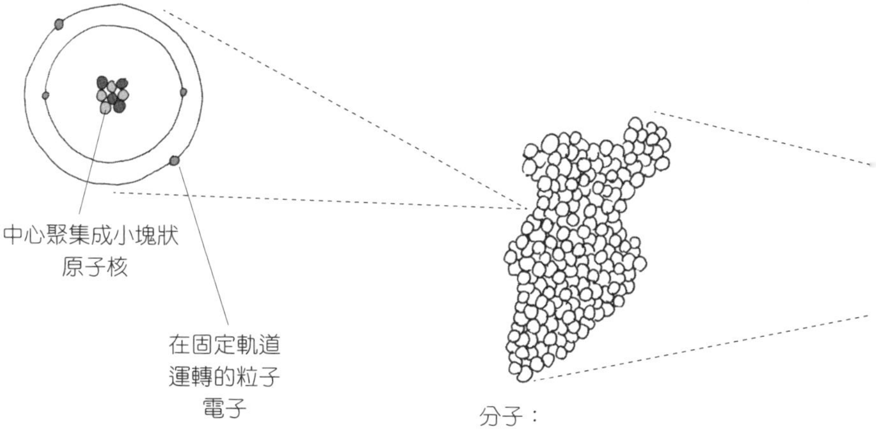

原子：**1/10,000,000,000**公尺

分子：
1/100, 000, 000公尺

公尺，使用光學顯微鏡也無法看見。所謂的「看見」，是用探尋工具（光學顯微鏡的話為可見光）打到對象物上，所以比對象物還大的工具，無法個別打到對象物上，也就無法「看見」。

原子的結構

接著來分解原子，觀察裡面的構造。

「原子」這個名字，意為世間萬物的源頭。世上的物質是由各種原子組合而成，沒有新的原子產生，也沒有原子會消滅。實際上，化學的世界是以原子為基本單位，即便發生化學反應，也僅是原子的組合改變，原子本身並沒有變化。所以，過去的鍊金術（比如從水銀生成黃金）明顯是一種詐欺。

這個認知一直到十九世紀末都被認為是正確的。然而，在十九世紀末，發現各原子內部還有其他東西，原子並不是萬物源頭的基本單位。而且，令人驚訝的是，原子內部幾乎都是空的！人們發現其結構如同太陽系，中心有著相當於太陽的內核，周圍環繞相當於行星的東西。中心相當於太陽的部分稱為原子核，周圍環繞相當於行星的東西則稱為電子。

圖4是示意圖，為了方便解說，原子核刻意畫得比較大，但實際大小僅有整個原子的十萬分之一，極其微小。比如，假設這間演講會場是一個原子，則原子核的大小會比放置在會場中央的自動鉛筆筆芯（的直徑）還要小。

圖4　原子的示意圖

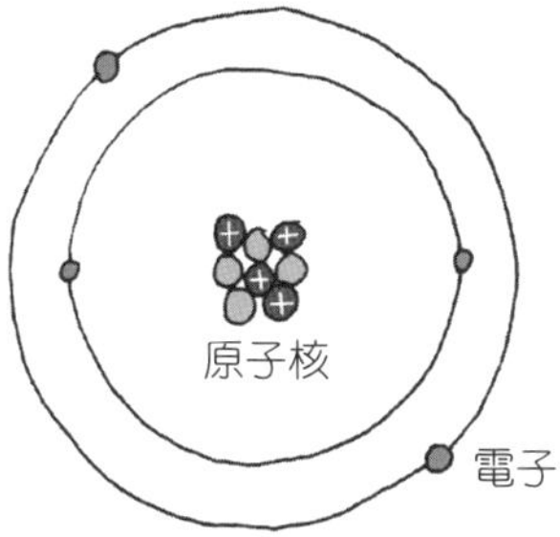

原子：1/10,000,000,000公尺

這樣想來，原子內部真的是空蕩蕩的，說是一無所有也不為過。然而，大家身邊的東西——全都是由原子聚集而成——實際觸摸就知道是實心物體，完全不是空蕩蕩的。請摸摸看自己的身體、衣服、椅子等。真的很不可思議，明明原子內部是空蕩蕩的，聚集起來卻形成了實心物體。為什麼會發生這樣的現象呢？祕密正潛藏於原子的結構。

前面提到，原子如同太陽系，是電子環繞原子核周圍的結構，這個電子正是關鍵所在。電子不單單僅是行星而已，如同「電子」的名稱帶有電力（電荷），呈現－（負）的電荷。跟原子的種類無關，所有原子的外側都包覆著電子，也就是－的電荷。相同種類的電荷（這個例子是－電荷）會彼此排斥，原子藉由排斥作用保持形狀。

我現在之所以能像這樣拿著手機，就是因為包覆手掌表面原子的電子，與包覆手機表面原子的電子彼此排斥（圖5）。如果少了這股彼此排斥的力量，我的手、手機應該會是空蕩蕩的，沒有辦法拿起手機。世間物質能夠保持形狀，其實是因為電子帶有電力、電磁力。大家在國高中物理的力學課程中，應該學過阻力、張力、應力、摩擦力等各種不同的力，但若追本溯源，除了重力，其餘皆為電磁力。

圖5　能夠抓握手機的原因？

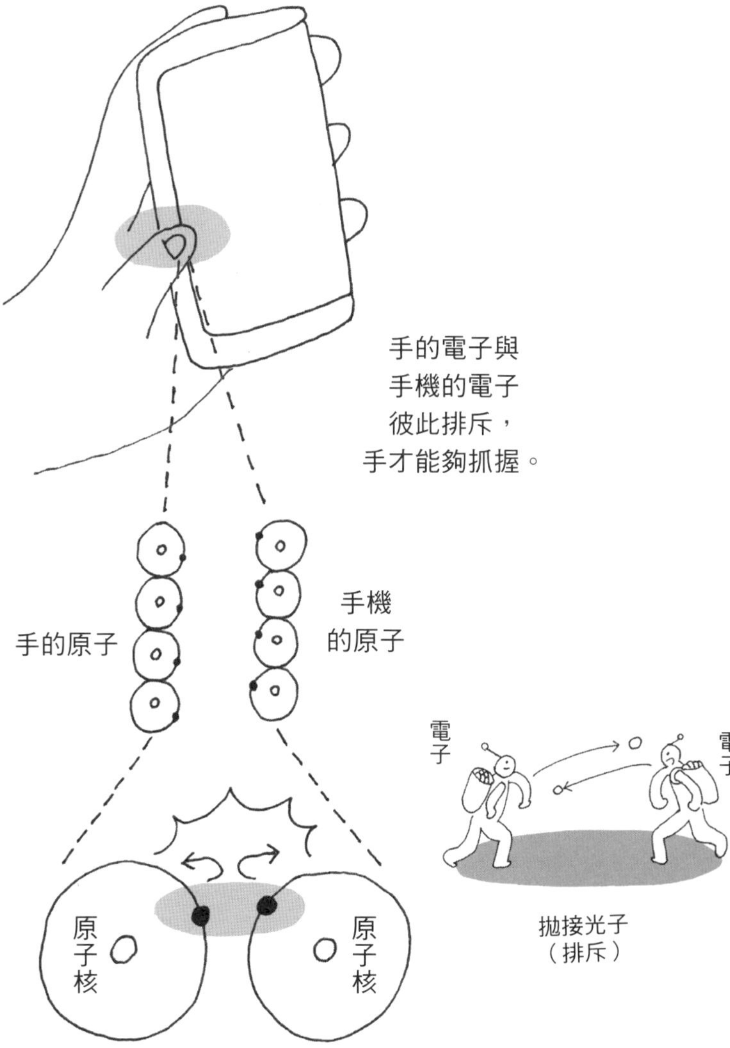

電荷與電場

這邊來講點題外話，來稍微深入討論電荷吧。

大家的推特（Twitter）應該有不同職業、興趣、年齡的跟隨者吧。他們感興趣的人事物也富有多樣性吧。而跟隨者感興趣的對象愈多樣，大家對推文的反應也會有所不同。如果是政治推文，跟隨者A和B就會轉推；若張貼有趣圖像，跟隨者A和B沒有反應，但跟隨者C和D反而會按讚。以下以張貼貓咪圖像為例來討論。

張貼可愛貓咪的圖像時，愛貓跟隨者、厭貓跟隨者都會對貓咪圖像做出反應（圖6），而對貓咪不感興趣的跟隨者，會直接無視推文。以下將愛貓（或者厭貓）的特性稱為「貓荷」。此時，對帶有貓荷的跟隨者來說，動態時報會因貓咪圖像的張貼而發生變化；但對不帶貓荷（對貓咪不感興趣）的跟隨者來說，動態時報等同沒有發生變化。這個僅對帶有某特性（荷量）者才會產生影響的空間（變化），稱為「場」。換言之，這邊存在僅對帶有貓荷的人、愛貓（或者厭貓）者帶來影響的「貓場」，而對貓咪不感興趣、不帶貓荷的人來說，相當於不存在貓場。

圖6　逐漸傳播開來的貓波

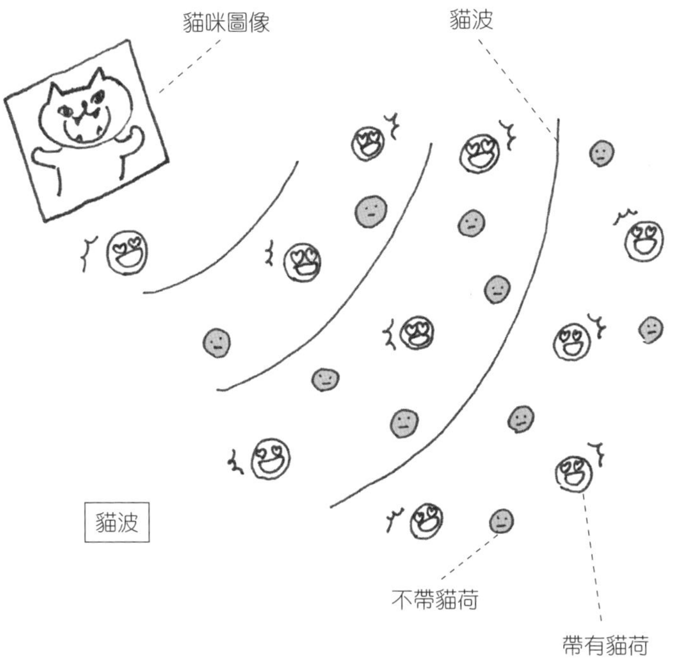

僅帶有貓荷的人才對貓波產生反應！

張貼貓咪圖像後，帶有貓荷的跟隨者未必會一同做出反應。我發布的無趣推文很少有人轉推，但極為少數的情況下，會出現轉推數千次的情況。此時，即便最初推文已經發布數日，仍舊會慢慢持續地被轉推出去。對貓咪圖像的反應也是如此，隨著時間經過逐漸擴散，從身邊的人（親近的人）依序反應，不久便傳至遠方的人（不親近的人）。看見貓咪圖像感到興奮的狀態，逐漸傳播開來。狀態的變化是逐漸傳播，這正是所謂的波。我們就將傳播興奮的情況稱為「貓波」吧。

無限傳播的貓咪圖像與僅在朋友間流傳的話題

將這樣的情況換至電的世界，則貓荷是電荷、貓場是電場（或者電磁場），貓波相當於電磁波。如同對不帶貓荷的人來說，無論張不張貼貓咪圖像，動態時報皆沒有變化，對不帶電荷的物體來說，無論附近有沒有電荷或者有無電磁波，空間皆沒有變化；但對帶有電荷的物體來說，空間明顯有所不同，可以看作是電場出現變化。

在這邊，「貓荷」分為「愛貓」和「厭貓」兩種類型，電荷也分為＋（正）和－（負）兩種，如同「愛貓」和「厭貓」對貓咪圖像產生完全相反的反應，＋和－的反應也是完全相反。

推特是向全世界發送訊息的社群軟體，貼文會在全球擴散開來，收到來自其他國家的回覆。推文會擴散到什麼程度，要視傳播手段的抵達能力而定。貓咪的可愛是世界共通的，所以貓波能夠跨越國界散播全球。但是，朋友之間前陣子出遊的話題，就僅能在朋友之間傳播，影響的範圍狹小有限。

電磁波跟貓波一樣，有傳播至無限遠的能力，所以電磁波產生的影響力、電磁力，能夠波及至無限遠。重力也同樣能夠影響到無限遠。另一方面，也存在僅能影響限定範圍的力，這個稍後再來說明。

不過，雖然說是貓波傳播，但實際交換的是貓咪圖像本身。A張貼的貓咪圖像，B下載至自己的手機。如此，「貓波傳播開來」也可說是「（帶有貓荷者）交換貓咪圖像」（圖7）。在電磁波世界也是如此，「電磁波傳播開來」可說成「（帶有電荷者）交換電磁波」。此時，如同貓波可換成貓咪圖像，電磁波也可視為「光子（Photon）」，電波傳播是「（帶有電荷者）交換光子」。

一直談論貓咪的話題，可能會讓不帶貓荷的人覺得被冷落，我們回來討論原子吧。

圖7　貓波的傳播

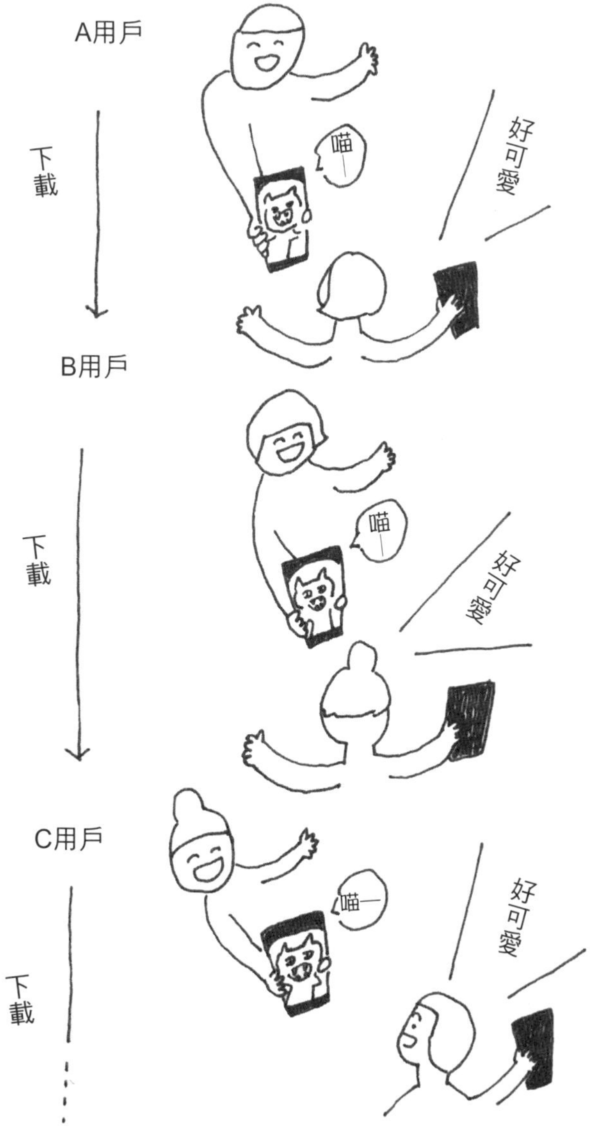

原子核的結構

原子如同太陽系，是電子環繞著原子核周圍的結構，但行星需要滿足某條件才能環繞太陽的周圍。根據慣性定律，未受力的物體會直線前進，所以想要進行環繞運動，必須要有某股相互吸引的力量。若是太陽系，這股力量是作用於太陽與行星之間的重力，而原子同樣也需要相互吸引的力量。電子帶有－（負）的電荷，所以為了相互吸引，原子核必須帶有＋（正）的電荷。

判明原子的結構後不久，人們也瞭解原子核的結構。

示意圖（圖8）又刻意畫得比較巨大，如圖所示，原子核是由兩種粒子聚集而成，分別稱為質子和中子。質子和中子同為構成原子核的粒子，所以又合稱為「核子」。

質子和中子的大小、質量幾乎相同，如同其名，質子（陽子）為「陽性」帶有＋電荷；中子為「中性」不帶電荷，兩者存在有無電荷的差別。

這邊發現極為重要的事情：世上存在超過一百種的原子，但這些原子的差別，只不過是質子和中子兩種粒子的不同組合。

圖8　原子核的結構

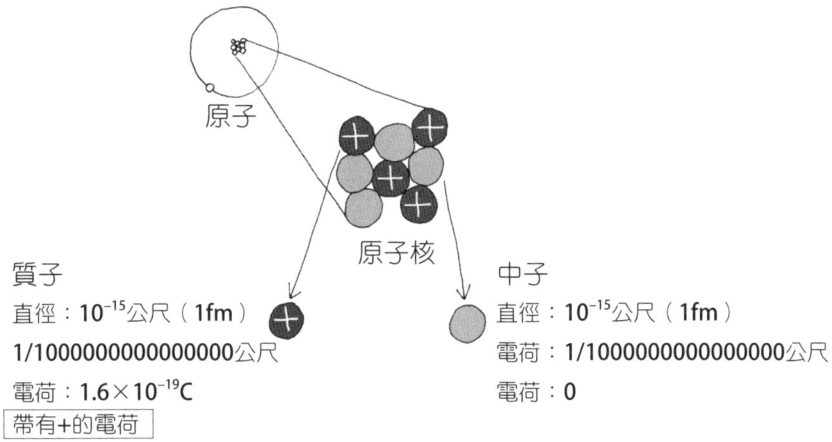

舉例來說，這張桌子是以木頭作成的；椅子是用鐵和塑膠製成的；身體是由蛋白質和水構成的。就分子級別來看，大家身邊的物體其實是由各式各樣的物質所構成。物質其實是由一百種左右的原子組合而成，當時發現這項事實時引起一陣討論。但更令人驚訝的是，就原子核級別來看，原子是僅由兩種粒子組合而成。

比如，僅有一個質子的原子核是氫。氫氣是可燃氣體，作為次世代車用燃料的候補備受關注。

氦有兩個質子。對從事物理學實驗的人而言，氦氣是極其寶貴、實驗上不可欠缺的氣體。在其他方面，氦氣也是工業上需求逐年增加的重要物質。然而，對非相關行業的人來說，氦氣只是灌入氣球中的氣體，或是吸入後可以改變聲音的氣體。

鋰有三個質子。對大家來說，鋰可能是比較熟悉的物質。鋰是反應性非常高的金屬，手機的電池是鋰電池，鋰電池是現代生活中不可欠缺的元件。

光是質子數從一變到三，原子的性質便如此不同。如上按照質子數排列原子的週期表（圖10），當中也有各位熟悉的原子吧。原子的種類超過一百種、性質也迥異，但若追本溯源，僅是質子（和中子）的數量不同而已。

圖9　氫、氦、鋰的原子核

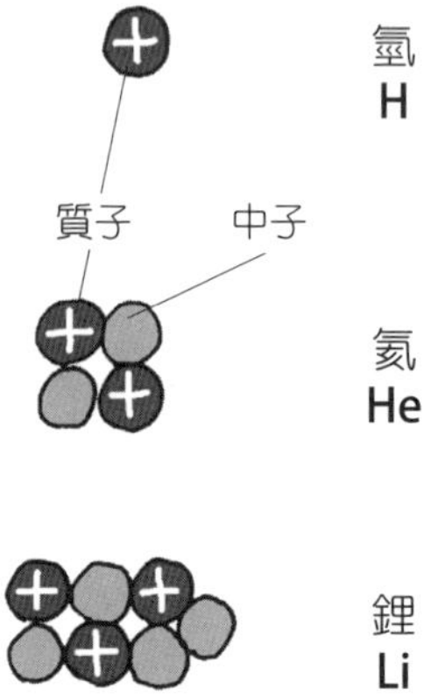

前面在講原子和化學時，提到鍊金術是一種詐欺。若根據「世間物質全是由原子組合而成，原子本身不會發生變化」的原子論，則水銀的原子和金的原子是不同物質，所以無法從水銀生成金。在化學的世界，這個認知至今仍舊是正確的。

然而，分割原子、探究原子核後，發現只要組合質子和中子，就能生成任何原子。

圖10　週期表

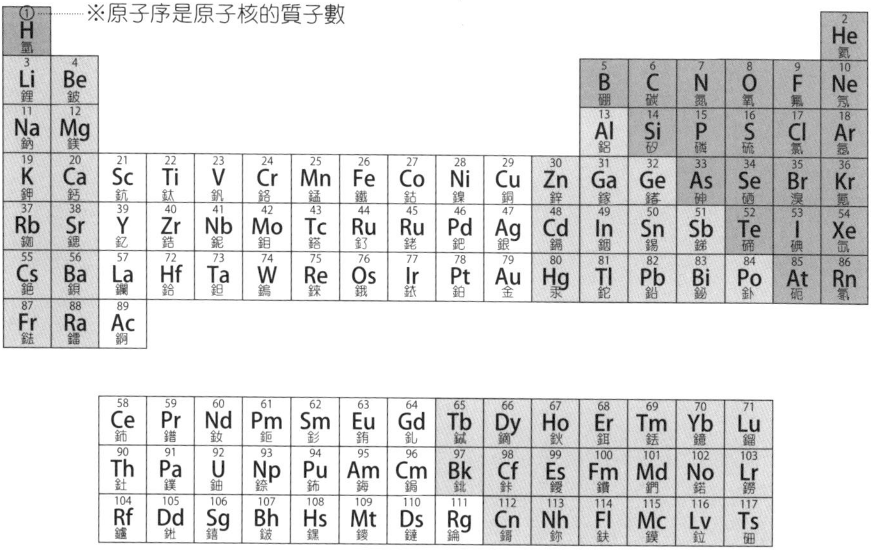

1	2	3	4	5	6	7	8	9	10	11	12	13	14	15	16	17	18
①H氫																	2 He氦
3 Li鋰	4 Be鈹											5 B硼	6 C碳	7 N氮	8 O氧	9 F氟	10 Ne氖
11 Na鈉	12 Mg鎂											13 Al鋁	14 Si矽	15 P磷	16 S硫	17 Cl氯	18 Ar氬
19 K鉀	20 Ca鈣	21 Sc鈧	22 Ti鈦	23 V釩	24 Cr鉻	25 Mn錳	26 Fe鐵	27 Co鈷	28 Ni鎳	29 Cu銅	30 Zn鋅	31 Ga鎵	32 Ge鍺	33 As砷	34 Se硒	35 Br溴	36 Kr氪
37 Rb銣	38 Sr鍶	39 Y釔	40 Zr鋯	41 Nb鈮	42 Mo鉬	43 Tc鎝	44 Ru釕	45 Rh銠	46 Pd鈀	47 Ag銀	48 Cd鎘	49 In銦	50 Sn錫	51 Sb銻	52 Te碲	53 I碘	54 Xe氙
55 Cs銫	56 Ba鋇	57 La鑭	72 Hf鉿	73 Ta鉭	74 W鎢	75 Re錸	76 Os鋨	77 Ir銥	78 Pt鉑	79 Au金	80 Hg汞	81 Tl鉈	82 Pb鉛	83 Bi鉍	84 Po釙	85 At砈	86 Rn氡
87 Fr鈁	88 Ra鐳	89 Ac錒															

58 Ce鈰	59 Pr鐠	60 Nd釹	61 Pm鉕	62 Sm釤	63 Eu銪	64 Gd釓	65 Tb鋱	66 Dy鏑	67 Ho鈥	68 Er鉺	69 Tm銩	70 Yb鐿	71 Lu鎦
90 Th釷	91 Pa鏷	92 U鈾	93 Np錼	94 Pu鈽	95 Am鎇	96 Cm鋦	97 Bk鉳	98 Cf鉲	99 Es鑀	100 Fm鐨	101 Md鍆	102 No鍩	103 Lr鐒
104 Rf鑪	105 Dd鈪	106 Sg𨭆	107 Bh𨨏	108 Hs䥑	109 Mt䥑	110 Ds鐽	111 Rg錀	112 Cn鎶	113 Nh鉨	114 Fl鈇	115 Mc鏌	116 Lv鉝	117 Ts鿬

換言之，鍊金術即便在化學上不可能發生，在物理學上是有可能實現的。

例如改變水銀原子核的質子和中子數，理論上有可能生成金。但是，改變原子核的結構需要耗費龐大的成本和精力，與其從其他原子生成金塊，直接購買金塊還比較便宜。

夸克與強力

接著來分解質子和中子。這兩者是由稱為夸克（quark）的粒子所構成（圖11）。構成質子和中子的夸克，分為上夸克（u：up quark）、下夸克（d：down quark）兩種，質子是由二個上夸克和一個下夸克所構成；中子則由一個上夸克和二個下夸克所構成。

夸克帶有電荷。假設電子的電荷量為-1，則上夸克為$+\frac{2}{3}$；下夸克為$-\frac{1}{3}$。有些人或許會覺得分數的電荷量很奇怪，但這是以電子為基準的結果。

質子是二個上夸克和一個下夸克，所以為$(+2/3)\times 2+(-1/3)=+1$，電荷量與電子相同，但電荷的符號相反。中子是一個上夸克和二個下夸克，所以為$(+2/3)+(-1/3)\times 2=0$，正好是「中性」。

前面提到，世間物質是由不同數量的質子和中子兩種粒子組合而成，而質子和中子的內部為相同種類的夸克，兩者僅差在組成比例為二：一還是一：二。

圖11　質子與中子

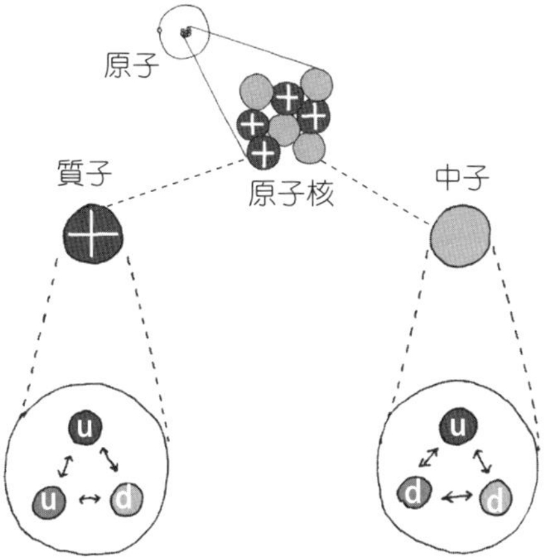

$+\frac{2}{3}+\frac{2}{3}-\frac{1}{3}=+1$　　$+\frac{2}{3}-\frac{1}{3}-\frac{1}{3}=0$

物理學家的深刻反省

順便一提，據說夸克是鳥的叫聲。為什麼會取沒有意義的名字呢？其實這是物理學家的反省。在取原子的名字時，當時的人恐怕想說「沒有再更小的級別了，這是世間的基本粒子」才取名為「原子」，但經過一段時間後卻發現更小的級別，因而為自己的取名感到慚愧。

因此，若夸克也取類似「基本粒子」的名字，當發現「其實內部……」，又會再讓自己蒙羞一次，所以才取沒有意義的名稱。物理學家也逐漸學聰明了。

至今尚未發現比夸克更小的結構，但不保證未來不會找到。因此，構成質子和中子的夸克，是目前無法分割的終極粒子，也就是「基本粒子」。

已知夸克的大小比0.000000000000000001公尺還小，但實際上可能沒有大小的概念。

研究質子程度級別的學科是原子核物理學；研究基本粒子的則是基本粒子物理學。我們基本粒子物理學家，是在研究世上最小的終極粒子。

強力是強大但作用距離短的力

講到這邊，各位有發現奇怪的地方嗎？比如，質子是由二個上夸克和一個下夸克所構成，但上夸克帶有＋的電荷，本來會彼此排斥才對，不應該老實待在質子中。或者，在上一個級別的原子核，帶＋電荷的質子聚集形成原子核，也是很不可思議的情況。

這些是因為比起相互排斥的電磁力，夸克之間存在更為強大的作用力，使其緊黏在一塊。這股力量稱為「強力」，雖然聽起來像是一般名詞，但這是翻譯自Strong interaction，意為「比電磁力更強的力」。

然而，前面提到，除了重力，我們眼睛可見的力都能夠用電磁力表示，但明明存在電磁力以外的力，為什麼沒辦法明顯感受到呢？

這是因為強力的作用距離短，大約僅有原子核大小（10^{-15}公尺）的程度。因為是同伴間才能夠瞭解的話題，無法擴散至全世界，不像貓咪圖是全球性的話題。然而，對明白圈內話題的人來說，卻是相當強烈的東西，在同伴之間，會是比貓咪圖像更為強力的話題。雖然強力和電磁力無法單純比較，但大致上，強力可想成比電磁力強上一百倍。

圖12　結合原子核的強力

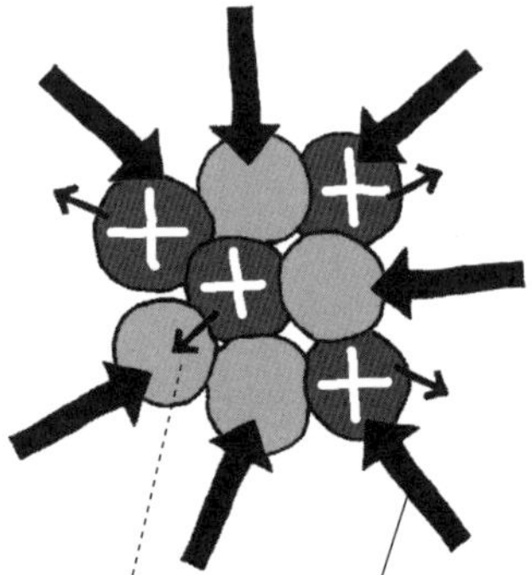

在強力的世界中，相當於電荷的是色荷（color charge），共有三種類型（加上後面的反物質共有六種）；而相當於光子（如貓咪圖像實際交換的物質）的是膠子（gluon）。說到gluon就想到膠水，是膠著、黏著之意。讓本來彼此排斥的夸克緊連在一起，但膠子的意象更接近彈簧。

這股強力如同彈簧力，在某近距離下，愈是遠離會產生愈強的吸引力，當拉長到一定的距離，彈簧會突然斷掉失去作用力。這個距離就是該力的作用距離。

圖13　強力＝膠子的交換

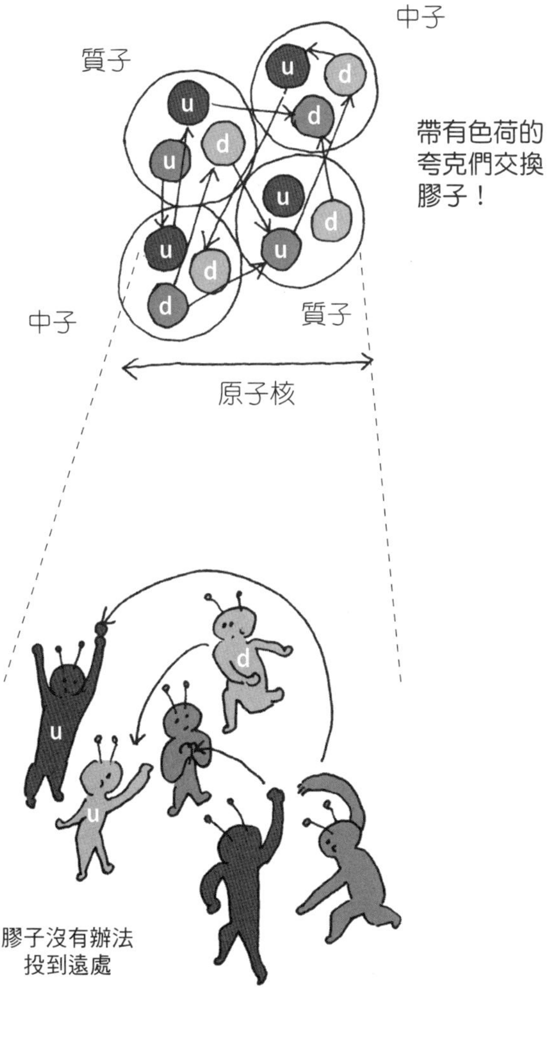

表1　構成物質的基本粒子

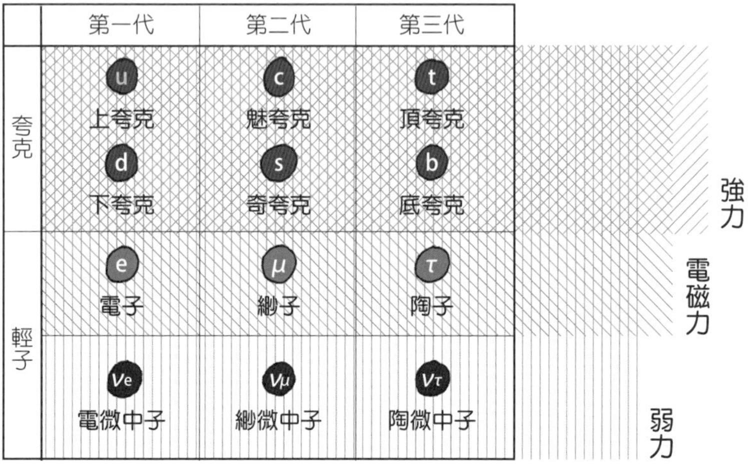

	第一代	第二代	第三代
夸克	u 上夸克 / d 下夸克	c 魅夸克 / s 奇夸克	t 頂夸克 / b 底夸克
輕子	e 電子 / νe 電微中子	μ 緲子 / νμ 緲微中子	τ 陶子 / ντ 陶微中子

右側標示：強力、電磁力、弱力

基本粒子一覽表

上表是終極粒子的基本粒子一覽表（表1）。在表中，共畫出了十二種基本粒子。

前面提到的夸克為上夸克和下夸克，但除此之外，還有不含於我們身體原子核中的夸克，總共有六種類型。

表格下半段包含了電子。電子也是不曉得內部結構的基本粒子，但相對於夸克，「輕子（lepton）」也是屬於此類的同伴。輕子是不帶有色荷的基本粒子，不會產生強力。

表格中的輕子也分為兩段，上半段的「電子」「緲子（muon）」「陶子

（tauon）」帶有電荷。因此，夸克（皆帶有電荷）和輕子的上半段，合計九種基本粒子會產生電磁力。

輕子的下半段、表格最下面的三個基本粒子，既沒有色荷也不具備電荷，不會產生強力也不會生成電磁力。這三個粒子是本次的主角，稱之為「微中子」的物質。

緲子穿透法

在正式講解微中子之前，先插個題外話，稍微解說表中的基本粒子——緲子。

由表的位置關係可知，緲子是電子的同伴。籠統來說，感覺像是「稍微大一點的電子」。除了大小（質量），性質也有些不一樣，雖然這邊不會深入討論，但緲子跟其他物質的反應性遠比電子還要弱，溝通能力大幅低於電子。因此，在穿透物質時，電子會被許多人叫住，一下子就被捕捉住，但緲子會被無視，容易通過物質——穿透性高。這項性質能夠利用於各種情景，比如下面的例子。

圖14　緲子穿透法

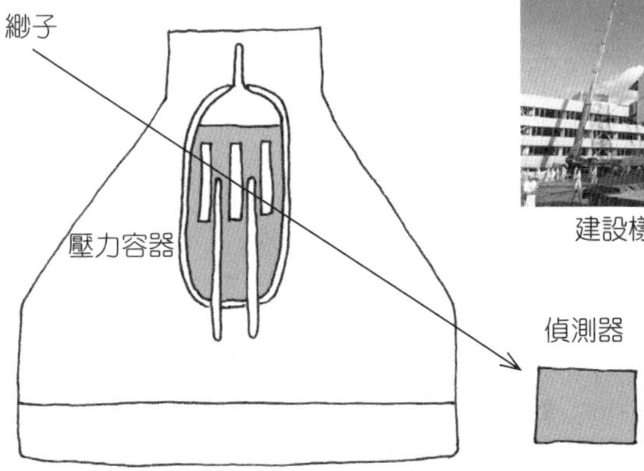

建設樣貌　來源：東京電力

二〇一一年福島第一核電廠發生事故，由於輻射線過高，內部調查遲遲無法進展。但最令人在意的是：「燃料核在什麼地方？」於是高能加速器研究機構的某團隊，利用了緲子來進行調查。

後面會再詳細解說，緲子是由射入地球的宇宙射線在大氣中產生，會不斷落至地表。於是，將緲子偵測器置於原子爐的正面，從大氣降下的緲子會穿透原子爐抵達偵測器，過程中，緲子量會因通過的物質量而減少，就像是X光攝影一樣能夠透視內部。X光攝影是使用X射線，但原子爐的爐心容器是用非常厚的鋼鐵製成，而且體積非常巨大，所以X光攝影不適合用來查看整個爐心。

若是使用緲子，大氣中充滿天然的緲子，穿透性也高，非常適合用於此。

圖15是透視爐心內部的圖像。為了收集到充分的緲子量，據說需要運作一個禮拜以上來累積數據。

由圖可知，爐心部分空空如也，沒有殘留核燃料。這代表核燃料已經整個溶掉了。

接著要確認的是，下面的收納容器底部是否積存溶掉的核燃料。而最適合這類透視攝影的是從上空降下的緲子，從水平方向來的緲子不適合，攝影需要改成仰視的形式進行。處於高位置的爐心，將偵測器置於地表上就能觀測，但在地表高度附近的收納容器底部，則必須在地面挖洞，將偵測器設置於地底下。在忙於處理事故的現場中，應該很難分出心力來幫忙挖洞。

圖15　爐心內部

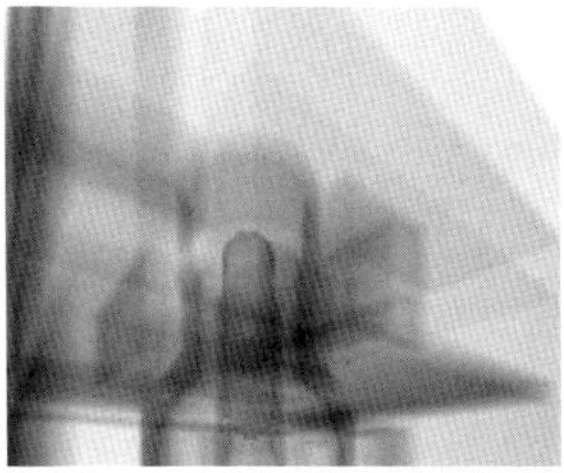

來源：IRID

微中子的「誕生」

那麼，來談談這次的主角微中子。

首先來說明為什麼會是「想到」微中子。如同「想到」字面上的意思，微中子最初並不是經由發現找到，而是基於某個理由，被認為「雖然沒有找到，但必須存在的東西」。

前面提到的中子在原子核中時非常穩定。「穩定」代表不會在某個時候突然崩壞（崩壞的機率極低）。雖然看似在說奇怪的事情，但請各位設想以下情況——若是大家早上起床，發現到左手消失不見，這會是起嚴重的事件。如果這類事件頻繁發生，就會擔心明天早上的事情而睡不著。大家之所以能夠放心地安然入睡，是因為構成我們身體的原子核，大部分是非常穩定的。

然而，若原本在原子核中穩定待著的中子，飛出原子核單獨存在，僅需要十五分鐘就會崩壞成質子和電子。

調查後會發現不太合理，因為此現象沒有遵守物理學基本的能量守恆定律。

有學過物理學的人應該都知道能量守恆定律。或者，即便是僅學習過化學的人，也

圖16　中子崩壞成質子和電子

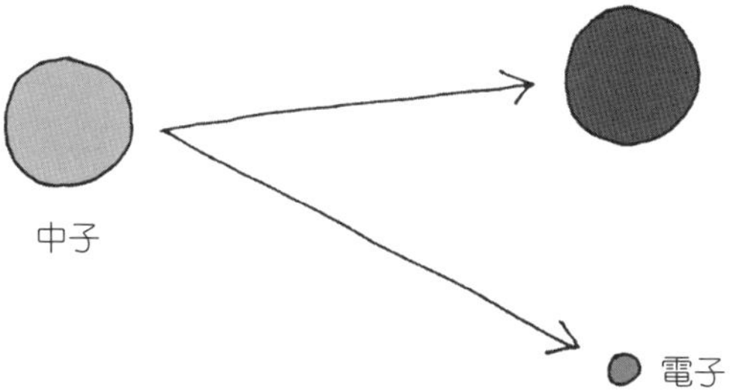

中子經過15分鐘的壽命就會自然崩壞，
轉成質子並產生電子。

應該知道質量守恆定律。質量守恆定律是指，化學反應前全部物質的質量，會等於反應後全部物質的質量。這在反應能量小的化學反應上大致正確，但嚴格來講，還得考慮反應產生的能量。而能量守恆定律就是，反應前後包含質量的全部能量加總起來必定相等。能量不會另外產生，也不會憑空消失。

然而，以中子的崩壞情況來看，能量守恆似乎並不成立。反應前，中子帶有的全部能量（包含質量），跟反應後質子與電子帶有的全部能量相比，後者會小於前者——換言之，能量消失到某處了。

當時的物理學家無法解開這個謎，

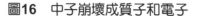

於是猜想：「能量守恆定律僅成立於我們可直接觀測的宏觀世界，在（原子核程度的）微觀世界，能量守恆定律或許不成立吧」。

然而，有位物理學家不同意此看法。他就是沃夫岡・包立（Wolfgang Pauli）。包立表示：「我們不該輕易懷疑能量守則這個基本的定律。」可是，現實的問題是，這定律看起來不成立。於是，包立這麼說明此現象：「是尚未被發現的粒子帶走了能量。」

這個粒子是微中子。雖然「Neutrino」是其他物理學家取的，但包立解釋這種粒子會在反應中產生，反應前的中子能量肯定會等於反應後的質子、電子和微中子的全部能量。

圖17　微中子的發現

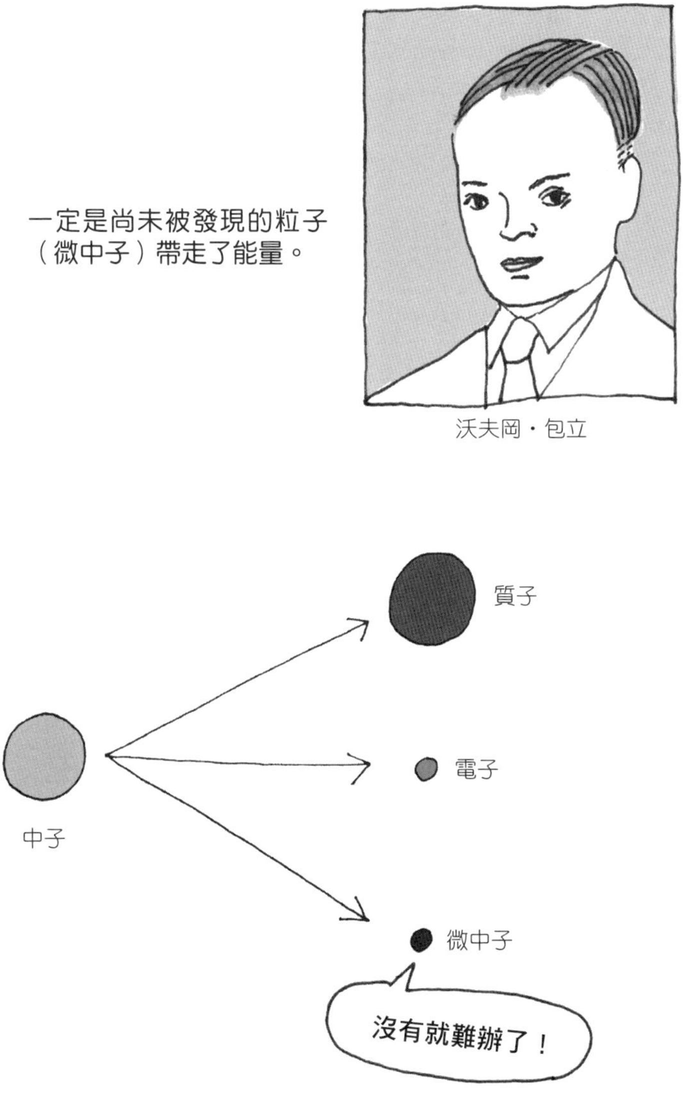
一定是尚未被發現的粒子
（微中子）帶走了能量。
沃夫岡・包立
質子
電子
中子
微中子
沒有就難辦了！

這邊希望各位注意的是，包立並不是在發現微中子後才提出此看法。

當時，物理學家完全沒有找到相當於微中子的東西，也不明白其產生的機制，但為了讓能量守恆定律成立，這個未知的粒子必須存在才行。基於這樣的理由，微中子作為「必須存在的粒子」在物理界登場。

然而，包立表示，微中子反應性非常微弱，所以人類沒辦法偵測出來。能夠對未發現的東西主張「存在」，真的很厲害。

不過在包立提倡此論述的二十六年後，微中子確實被找到了，也證實了包立的偉大貢獻。

微中子生成

我們再稍微詳細討論微中子的生成反應。

中子會崩壞成質子、電子和微中子（正確來說是反電微中子：電微中子的反粒子。反粒子稍後再來討論），試著改變一下著眼點，從核子的變化來討論。在此反應中，核子是在從中子轉為質子時生成微中子，所以也可稱為「核子變化時產生的基本粒子」。

再稍微深入一點，從夸克的觀點來看此反應吧（圖18）。質子是由二個上夸克和一個下夸克所構成；中子是一個上夸克和二個下夸克所構成，兩者差在一個夸克的種類不同。因此，中子轉為質子的現象可想成：一個下夸克轉為一個上夸克，並釋放電子和反電微中子。

這類使粒子崩壞的現象，或者改變粒子種類的現象，都無法用前面出現的作用力，如重力、電磁力、強力等來說明，是與這些完全不同的新力產生作用。這股力稱為「弱力（Weak interaction）」。

如同貓力是藉由交換貓咪圖像、電磁力是藉由交換光子、強力是藉由交換膠子來傳播，弱力的傳播也需要像貓咪圖像的媒介——弱玻色子（weak boson）的基本粒子。

圖18　弱力的傳達

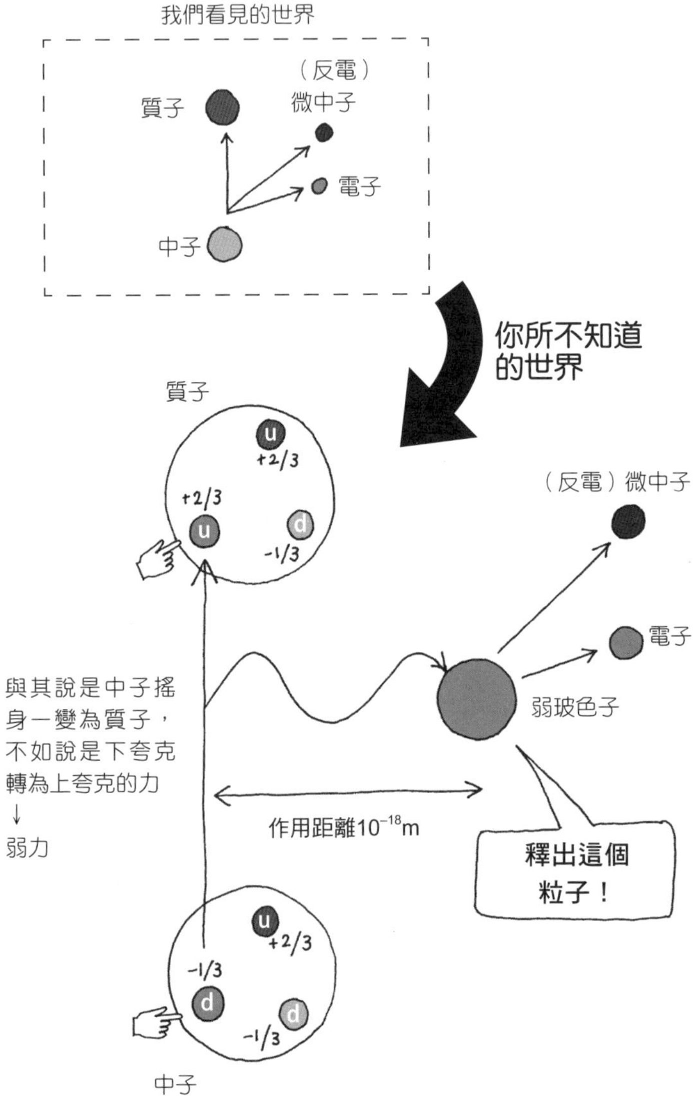

我們看見的世界
（反電）
微中子
質子
電子
中子
你所不知道的世界
質子
u
+2/3
+2/3
u
d
-1/3
（反電）微中子
電子
弱玻色子
與其說是中子搖身一變為質子，不如說是下夸克轉為上夸克的力
↓
弱力
作用距離10^{-18}m
釋出這個粒子！
u
+2/3
-1/3
d
d
-1/3
中子

表2　構成物質的基本粒子

		第一代	第二代	第三代
夸克		u 上夸克	c 魅夸克	t 頂夸克
		d 下夸克	s 奇夸克	b 底夸克
輕子		e 電子	μ 緲子	τ 陶子
		ν_e 電微中子	ν_μ 緲微中子	ν_τ 陶微中子

強力（夸克）
電磁力（夸克、電子、緲子、陶子）
弱力（全部）

藉由弱玻色子來看，中子轉為質子或者下夸克轉為上夸克的現象（圖18）。下夸克釋放弱玻色子後，會轉為上夸克。弱玻色子的壽命短得令人吃驚，僅僅移動10^{-18}公尺就會崩壞，轉成電子和反電微中子。由於此距離過短，無法直接觀測，人類僅能認識到反應前的中子，與反應後的質子、電子和反電微中子。

再來看一次基本粒子一覽表（表2）。跟此反應有關的基本粒子有上夸克、下夸克、電子、（反）電微中子，是最左邊的直列。換言之，弱力是會作用於表中所有基本粒子的力。

再重申一次，強力僅作用於夸克

（上兩段）；電磁力僅作用於夸克和輕子上半段（上三段）；而弱力會作用於所有基本粒子。由表可知，反應會在同一直列中發生。如後所述，雖然現在知道相鄰直列的基本粒子之間也會發生反應，但一般反應僅會在相同直列間發生。各直列以「第幾代」來稱呼，但並不是按照年齡順序來表示。這是翻譯自英文的「generation」，物理學家真是取了個奇怪的名字。

核融合也會產生微中子

那麼，先來看微中子實際的生成情況。

若將微中子想成「核子變化時產生的基本粒子」的話，核子發生變化時，肯定會生成微中子。比如，前面出現的太陽等反應如何呢？

前面提到，太陽是靠自我核融合反應來發光，但具體來說是什麼反應呢？這是在講解原子核時出現的氫氦反應——從氫生成氦的鍊金術（圖19）。

四個氫（一個質子）聚集起來發生核融合變成氦（實際上會發生多個階段的反應過程，但這邊省略不說明）。氦是由二個質子和二個中子構成的，此反應是二個質子轉為二個中子的「核子變化」。此時，每個質子會生成一個正電子（電子的反物質，後面再說明）和一個電微中子。當然，同時也會釋放能量，成為恆星發光的源頭，但這邊需要

圖19　太陽的反應

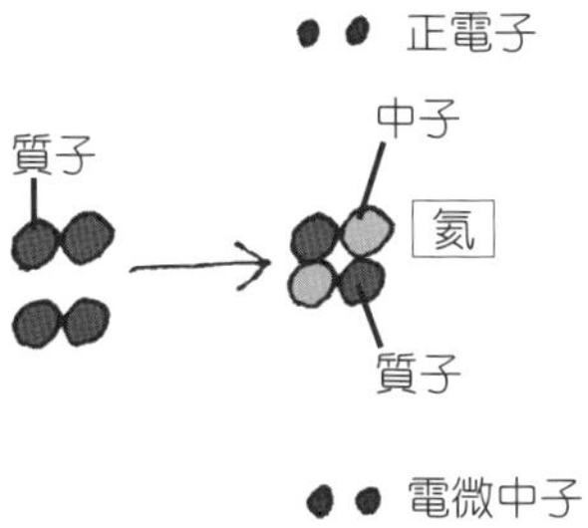

注意也會生成大量的微中子。我們在太陽光的照射下生活，同時也照射著來自太陽的微中子。

人類每秒照射到的微中子量

那麼，會有多少量的微中子來到地球呢？

大家知道自己身體的表面積有多少嗎？人類的表面積約為兩平方公尺，所以以半身照射太陽的日光浴，約有一平方公尺的面積會朝向太陽。那麼平均每人會照射到多少量的微中子呢？

圖20　降至地球表面的量（每平方公尺、每秒）

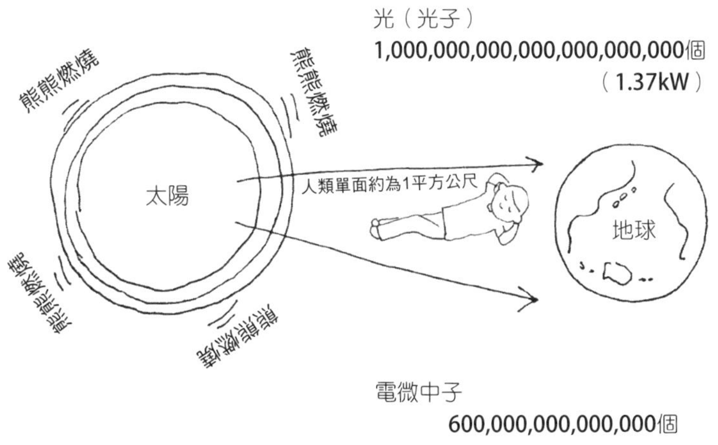

答案是，平均每秒六百兆個。如此大量的微中子，現在也不斷落至各位的身體上。

就算如此，大家卻不太有「照射到微中子的感覺」。即便能夠感覺陽光強烈，也不會有人認為：「今天的微中子真強！」這就是微中子特有的性質。

微中子的名稱由來

這邊來談微中子的名稱由來吧。

恐怕許多人會將neutrino拆解成「Neu」跟「Trino」，誤以為是Neu Trino吧。杜林（Turin）是義大利首屆一指的工業都市，曾經舉辦過奧運。但是，微中子的語源跟杜林沒有關係，英文單字可拆解成neutr／ino。neutr不是「新的」而是「中性的（neutral）」的意思。汽車排檔的Neutral（N檔）是齒輪分離不轉動的狀態，但在這邊意為電荷既不為＋也不為－，不帶電荷的狀態。換言之，微中子跟中子一樣都是「中性的」。

接著，ino不是英語，而是義大利語「微小的」的意思。會取混合英語與義大利語讓人搞不清楚意思的名字，或許跟微中子的命名者恩里科・費米（Enrico Fermi）有關，他是從義大利流亡到美國的物理學家。恩里科・費米詳細研究了前面提到的中子崩壞現象，是堪稱弱力之父的物理學家，他在實驗、理論方面皆留下輝煌的功績，是歷史上罕見的天才。另外，費米在建設史上第一座原子爐、開發第一顆原子彈上，也扮演了主導的角色。

電中性（neutr）且非常微小（ion），這個「微中子（neutrino）」如實表達了其性質。

恩里科・費米

不帶電荷，意指完全不會對電場產生反應。即便動態時報熱烈討論貓咪的可愛，對微中子來說一點關係都沒有。原子因為被電子包覆才能維持形狀，但就微中子來看，電子有跟沒有是一樣的。我們身邊的實心物體，對微中子來說，就如在會場中放置自動鉛筆筆芯，是極為空蕩的空間。

即便如此，若是微中子具有核子程度的大小，儘管機率極低，仍可期待兩根自動鉛筆筆芯在這廣闊的會場中相撞。然而，微中子的大小遠遠不及核子，微小到稱為「ion」，甚至可說是全基本粒子中最小的粒子。所以，微中子飛向如我們這般的普通物質，並產生反應的機率，比置於會場的一根自動鉛筆筆芯前端，碰撞到自動鉛筆的粉末還要絕望。

微中子的反應性很微弱？

舉個例子來看微中子的反應性多麼微弱。

以前面提到微中子從太陽降至地球為例，討論來自太陽的微中子，在穿過地球的途中碰撞到地球某處一次的機率。不管是碰撞機率或是其他的，地球是直徑長達一千三百公里的岩石塊，若是普通的粒子，不要說地球內部了，在地表就會碰撞好幾次。然而，即便是如地球的巨大岩石，微中子也能夠輕易穿過，實際上碰撞一次的機率僅有一百億分之二。換言之，縱向排列五十顆地球，微中子才終於能在途中碰撞到約一次。

大家的身體遠小於地球，即便每秒照射六百兆個微中子，單純考慮地球與各位身體的大小差距，一生也只會碰撞到一個左右。這樣的話，當然不會覺得「微中子真強烈！」微中子就如這般，是幾乎沒有反應、直接通過的粒子。因此，從提倡到發現耗費長達四個半世紀微中子，因難以捕捉而不清楚其性質，所以是謎團重重的基本粒子。

微中子大量存在於宇宙中，在人類的活動範圍內不斷被製造出來。比如，原子爐發生的核分裂反應，也會大量生成微中子。然而，我們不清楚其性質、也不曉得利用方法，只能全部捨棄不用。

若是更加瞭解其性質，或許也能夠想出積極利用的方法。如果成真了，畢竟是多到可大量捨棄的數量，可能引起巨大革命也說不定。有鑑於此，我們的實驗團隊致力於研究微中子，以期更加深入瞭解其性質。

第二章

反物質

反粒子

在正式說明微中子之前，再談一個基本粒子物理學上極為重要的概念。

雖然講起來世俗，但這邊來討論金錢的借貸。

假設A先生向B先生借錢，直接說成「借錢」聽起來不是很正面，可能會誤以為A先生的金錢觀念不佳。但是，若將說法改成「B先生貸款給A先生」，就會覺得B先生為人真好。明明是同樣的內容，觀感卻大不相同。假設來往的金錢為m，則金錢m從B先生移動至A先生的數學式為：

$$B - m = A$$

可以這樣描述B先生貸款給A先生一事。這邊是以「−m」表達「貸款」。

接著，換成A先生的立場，A先生向B先生借錢的數學式為：

$$B = A + m$$

這邊是以「+m」表達「借錢」。雖然借錢聽起來並不正面，但正負只是定義的問題，重要的是，「貸款」與「借錢」為「符號正好相反的用詞」，且「明明是同一個現象，改變視點後符號會相反過來」這點也很重要。

國中時學的數學，會注意到這兩個式子進行了「移項」的操作。將「–m」從左邊移項到右邊就會變成「+m」，移項時符號的反轉表達了「貸款」「借錢」的視點不同。

那麼，試著將這個套用到粒子的反應。

假設B粒子和−m粒子反應成A粒子：

$$B + (-m) \to A$$

試著改變立場或者視點來看此現象，在數學式上，B粒子可分成A粒子和+m粒子：

$$B \to A + (+m)$$

就算在數學式上可能成立，現實中真的存在「貸款粒子」「借錢粒子」等符號反轉的粒子，如這般自在地反應嗎？

就結論來說，答案是「Дa（俄語：肯定的）」。

這個「借錢粒子」+m稱為「貸款粒子」−m的反粒子或者反物質。表3為構成宇宙中物質的基本粒子一覽表，十二種粒子全都有符號反轉的的反粒子。

表3　構成物質的基本粒子與其反粒子

	第一代	第二代	第三代
夸克	u 上夸克	c 魅夸克	t 頂夸克
	d 下夸克	s 奇夸克	b 底夸克
輕子	e 電子	μ 緲子	τ 陶子
	ν_e 電微中子	ν_μ 緲微中子	ν_τ 陶微中子

↕

	第一代	第二代	第三代
反夸克	$\bar{u}$ 反上夸克	$\bar{c}$ 反魅夸克	$\bar{t}$ 反頂夸克
	$\bar{d}$ 反下夸克	$\bar{s}$ 反奇夸克	$\bar{b}$ 反底夸克
反輕子	$\bar{e}$ 正電子	$\bar{\mu}$ 反緲子	$\bar{\tau}$ 反陶子
	$\overline{\nu_e}$ 反電微中子	$\overline{\nu_\mu}$ 反緲微中子	$\overline{\nu_\tau}$ 反陶微中子

試用數學式描述前面（49頁）的中子崩壞反應吧。假設中子為n、質子為p、電子為−e、反電微中子為$\bar{\nu}_e$：

$$n \rightarrow p + (-e) + (\bar{\nu}_e)$$

將右邊的電子（−e）和反電微中子（$\bar{\nu}_e$）移項至左邊：

$$n + (+e) + (\nu_e) \rightarrow p$$

左右兩邊反過來寫的話（雖然反應式未必可逆，但這邊在討論數學式，不用多想直接對調吧）：

$$p \rightarrow n + (+e) + (\nu_e)$$

可知變成表示52頁質子核融合形成氦時，「質子轉為中子並釋放正電子（+e）和電微中子（ν_e）」的反應式（圖21）。

在這邊，正電子（+e）是電子（−e）的反粒子，反電微中子（$\bar{\nu}_e$）是電微中子（ν_e）的反粒子。

反粒子的性質

接著，來討論反粒子的性質。

圖21　太陽的反應

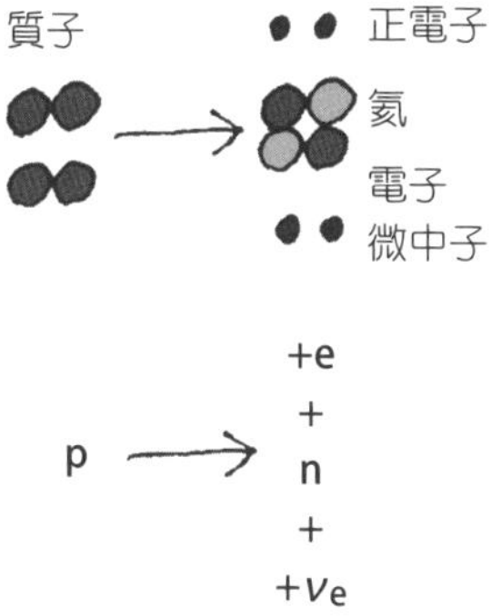

B先生貸款給A先生為−m；A先生向B先生借錢為+m，這只是改變立場討論同一件事情，從B先生流向A先生的金額應該完全一樣。但是，從B先生來看的「貸款」，與從A先生來看的「借錢」是正好相反的事情，所以符號會相反過來，形成−m和+m大小相同但符號反轉的形式。

電子（−e）和正電子（+e）的質量完全

一樣，電荷的絕對值也相等，僅電荷的符號正好相反。電子（−e）為厭貓；正電子為（+e）為愛貓，除了好惡，其餘性質就如雙胞胎一模一樣。

不過，在金錢的借貸上，即便對A先生和B先生來說是大事件，也僅會在A先生和B先生兩人之間了結，對外部旁觀的第三者就像什麼都沒有發生。金錢完全不會跑出兩人的世界，在兩人的世界中，所有東西都必須保持守恆。僅符號正好相反、其餘性質完全一樣，就是這個意思。

比如中子的崩壞反應：

$$n \rightarrow p + (-e) + (\overline{\nu_e})$$

除了前面提到的能量守恆，其他性質在這個世界中也必須守恆。以電荷量為例，因為反應前僅有中子，總電荷量為零，所以反應後的總電荷量也必須為零。反應後有質子（電荷＋）、電子（電荷－）和反電微中子（電荷零），質子和電子的電荷絕對值相同，但符號相反彼此抵銷，總電荷量為零。

質子轉為中子的反應：

$$p \rightarrow n + (+e) + (\nu e)$$

但是，反應前為質子（電荷＋），反應後為中子（電荷零）、正電子（電荷＋）和電微中子（電荷零）。正電子的電荷與電子的電荷符號相反、絕對值相同，所以反應後的總電荷量跟反應前一樣，電荷也確實守恆。

對消滅

接著，來談談粒子和反粒子聚在一起會發生什麼事情。單純由數學式來看，會是+m加上−m：

$$(+m)+(-m)=0$$

在現實的粒子世界——正如同此數學式，粒子、反粒子都會實際消滅。想要加總結果為零，必須是數量相同的粒子、反粒子對。取成對粒子消滅的意思，稱為「對消滅」。

雖然粒子的確會消失不見，但這邊也必須遵守能量守恆定律。比如，電子和正電子對消滅後，會剩下兩者能量相加的能量。這股能量會以光的形式呈現：

$$(-e)+(+e)\rightarrow\gamma$$

圖22　對消滅

粒子與反粒子相遇後……

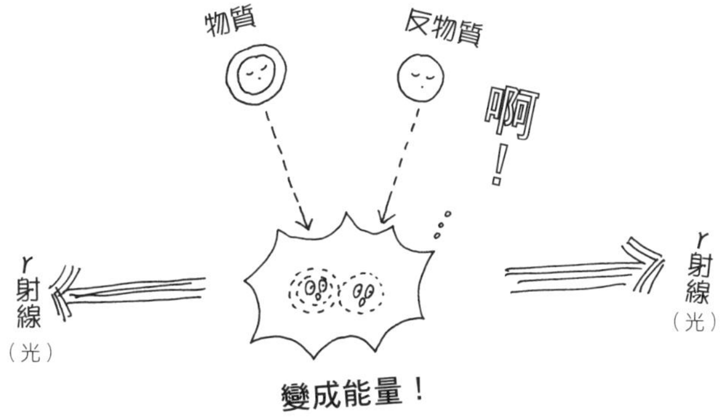

此時，光（γ）的能量是反應前的電子和正電子能量和，若兩者的動能為零，則兩者的質量和為1MeV。eV（電子伏特）是基本粒子物理學上常用的能量單位，1eV～1.6×10^{-19}J（焦耳）。

成對的電子和正電子對消滅時的能量，如上僅有1.6×10^{-13}J的小能量，但這是討論單一電子時的數值，若是平常討論的世界規模，情況就完全不一樣。

比如，若使1g的電子和1g的正電子反應，每個電子平均為9×10^{-28}kg，所以1g的電子有1×10^{27}個，將此數值乘上前面一對的平均能量，會變成兩百TJ的能量。這是在廣島投下的原子彈三倍威力！在科幻小說中，經常出現「反物質炸彈」，也是看好這股巨大的威力。當然，以現在的技術來說，想要製造1g的反物質需要龐大的時間與金錢，離實用還相當遙遠。

對生成

正如剛才說「製造反物質」是有可能的。就數學式來說，僅是對調前面對消滅式子的左右兩邊：

$$0 = (+m) + (-m)$$

從什麼東西都沒有生成（+m）和（−m）。但是，這邊的重點是成對，粒子和反粒子肯定是成對產生。取成對生成的意思，稱為「對生成」。

圖23　對生成

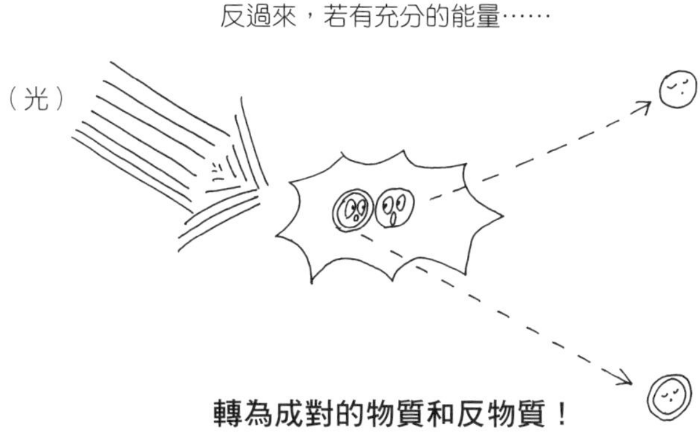
反過來，若有充分的能量……
（光）
轉為成對的物質和反物質！

但是，這邊也要遵守能量守恆定律，即便反應前不存在粒子，也必須有足夠的能量。B先生貸款給A先生的情況，需要有足夠金額的存款，才能夠從ATM提領現金。比如，想要產生成對電子和正電子，至少（假設反應後兩者的動能為零）需要兩者質量和分量的能量1MeV。由光能產生成對電子和正電子的場合：

$$\gamma = (-e) + (+e)$$

實際上，光（γ）肯定帶有動量，根據動量守恆定律，生成的電子和正電子的動量和必須等於光的動量。換言之，生成的電子和正電子會移動，也就是具有動能，原本的光必須帶有1MeV加上該動能的能量。

微波爐是我們身邊能夠發出強力光線（電磁波）的機械，其日文名稱（電子レンジ）的電子，不是electron（電子）而是electronics（電子產品）的意思，實際上照射出來的不是電子而是電磁波，所以「電磁レンジ」才是正確的名稱。微波爐透過照射強力的電磁波，來加熱含有水分的物質（食物等），但該電磁波的頻率為2GHz（赫茲），換算成光（電磁波）的平均能量僅有10μeV，跟產生成對電子和正電子所需的1MeV能量相差11位數。若再照射高達11位數分量的高能電磁波，就能在爐內大量產生成對電子和正電子，符合日文名稱「電子レンジ」字面上的意思。

自旋

帶有電荷的電子能夠比較簡單地討論反物質。夸克帶有電荷，所以也是相同的情況。那麼，微中子呢？微中子沒有電荷，無法反轉電荷。這樣一來，微中子和反微中子並沒有反轉嗎？卻又不是這麼回事。反轉的東西不是電荷，而是另一項性質。

已知基本粒子其實會做類似自轉的運動——「自旋（spin）」，而且自轉的量（角動量大小）取決於粒子的種類。我們可以想成是，根據粒子決定自轉的旋轉速度。

更有趣的是，這個角動量的大小會是某數值的整數倍。於是，使用基本粒子物理學的基本單位普朗克常數（Planck constant）$h \sim 6.63\times10^{-34}$J・sec，除以2π的值（稱為約化普朗克常數（reduced Planck constant））$\hbar = h/2\pi \sim 1.05\times10^{-34}$J・sec來討論，自旋大小皆是這個ħ的半整數倍。比如，夸克、輕子（電子、微中子）的自旋為$\hbar/2$；傳遞力的粒子（光子、弱玻色子、膠子）的自旋為ħ。

自旋的大小是根據粒子的種類決定一個數值，但存在兩種不同的方向，以粒子的運動方向為基準決定其方向。粒子並非靜止不動，而是不斷到處活動。整個粒子的運動方向（動量方向）有著左旋（左旋轉）和右旋（右旋轉）兩個自由度。

電子等常見的基本粒子有左旋和右旋的粒子，反粒子也是同樣的情況，也就是存在左旋電子、右旋電子、左旋正電子、右旋正電子。然而，不知道為何，僅有微中子的情況不同，全部的微中子為左旋、全部的反微中子為右旋，不存在右旋微中子和左旋反微中子。因此，其實微中子不存在反粒子（正確來說，微中子的反粒子是自己本身），我們可能只是將左旋微中子視為微中子；將右旋微中子視為反微中子而已。

圖24　自旋的大小

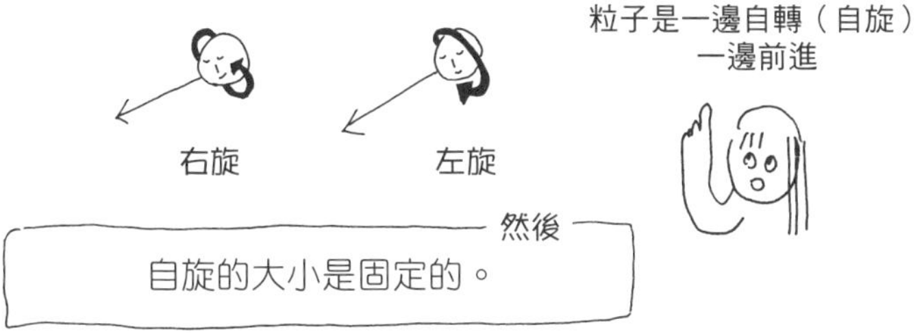

普朗克常數除以2π之數值ħ（約化普朗克常數）的$\frac{1}{2}$倍數……

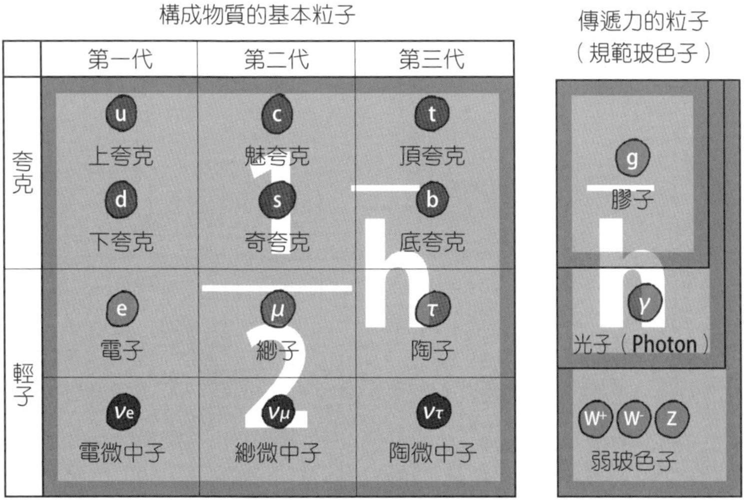

表4　右旋與左旋；物質與反物質

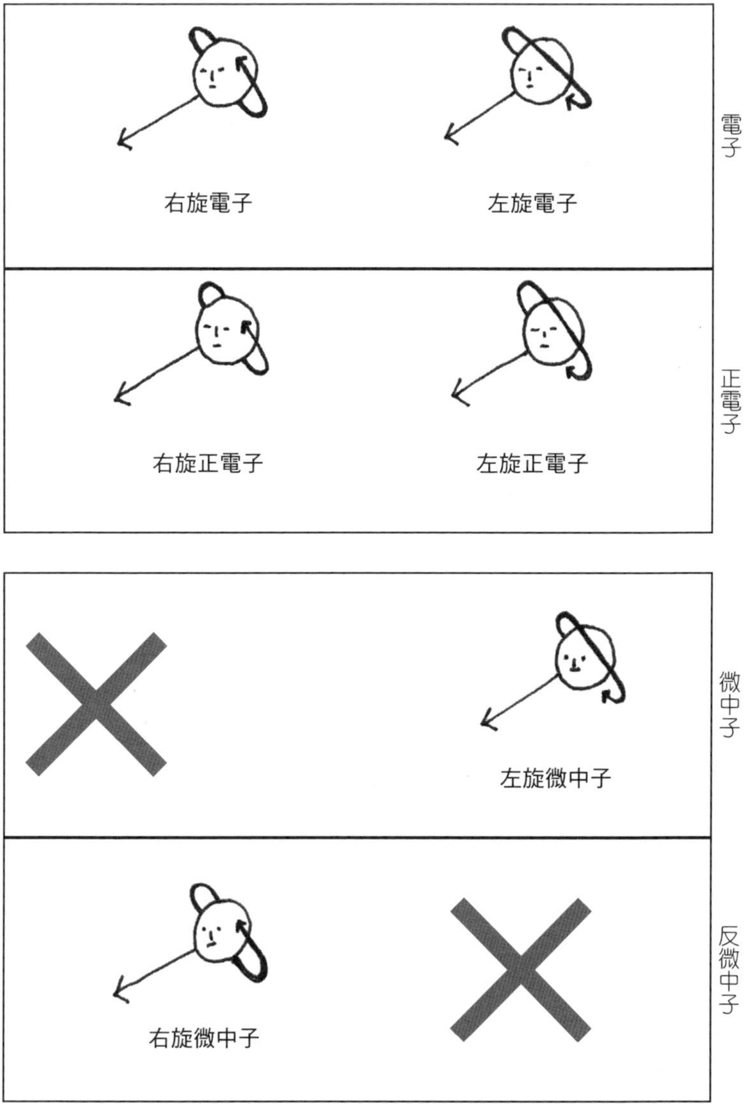

如前所述，反粒子為自己本身的粒子，稱為「馬約拉那粒子（Majorana particle）」。取名自提出該項理論的埃托雷・馬約拉那（Ettore Majorana）。順便一提，埃托雷・馬約拉那是義大利的物理學家，曾在前面登場的微中子命名者恩里科・費米底下進行研究，但在費米遭受法西斯政權褫奪公職時，便下落不明。

言歸正傳，微中子和反微中子因為不帶電荷，沒有電荷反轉的情況，反轉的是自旋方向的左旋和右旋。

那麼，在瞭解前面說明的微中子性質後，接著來談怎麼進行微中子的研究。

第三章

微中子的偵測

微中子的反應與偵測

想要研究微中子，當然要先捕捉到微中子，也就是必須偵測出來。所以，以下來討論偵測微中子的方法。

如第一章所述，微中子跟其他物質幾乎不反應。「幾乎不反應」也代表著發生反應的機率不為零，若是機率為零，不可能偵測到微中子的存在。那麼，「機率極低的反應」到底是什麼樣的反應呢？

回想一下64頁，中子崩壞釋出反電微中子的反應：

$$n \rightarrow p + (e^-) + (\overline{\nu_e})$$

將反應式右邊的反電微中子（$\overline{\nu_e}$）移項到左邊。如第二章所述，移項後符號會反轉過來變成反粒子，反電微中子的反粒子是電微中子（ν_e）：

圖25　中子與電微中子的反應

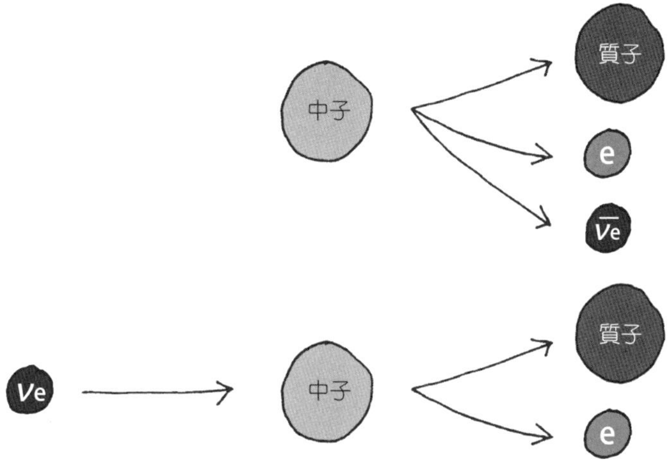

$$n + (\nu e) \rightarrow p + (-e)$$

在數學式上，就僅是移項而已，但請仔細觀察這條反應式，可知「中子和電微中子反應，轉為質子和電子」。換言之，這是「微中子跟物質反應時產生的反應」（圖25）。

由於微中子本身不帶電荷，無法直接偵測出來，但這項反應會釋出電子，而電子是「身邊常見的荷電粒子（charged particle：帶電荷的粒子）」，能夠輕易偵測出來。

這邊需要「含有中子的標的」與「偵測電子的裝置」。除了氫，所有元素的原子核都含有中子，所以氫以外的任何標的都行。但再重申一次，微中子跟中子反應的機率非常低，為了盡可能增加偵測的數量，選擇巨大的標的較為理想。想要準備巨大的物質，單價必須便宜才行。

電子是生活中不可缺少的電物質，我們已經相當熟悉該怎麼處理了。然而，必須注意的點是「反應機率極低」。換言之，即便準備了巨大的標的，釋出的電子也極少，必須不放過任何一個電子地偵測。以我們日常上使用的電流單位A（安培）來說，1A相當於平均每秒流過6,000,000,000,000,000,000個電子。這樣就能了解，細數每個電子是日常生活中難以想像的大事了。

同世代間的交換

如前所述，微中子共有三種類型。

除了電微中子之外，還有緲微中子（ν_μ：muon neutrino）和陶微中子（ν_τ：tau neutrino）。跟電微中子一樣，兩者與中子的反應分別為：

$$n + (\nu_\mu) \rightarrow p + (-\mu)$$

$$n + (\nu_\tau) \rightarrow p + (-\tau)$$

緲微中子會釋出緲子（$-\mu$）；陶微中子會釋出陶子（$-\tau$）。

如第一章所述（51頁），反應發生在相同直列、相同世代之間。

這是極為重要的事情。雖然無法直接偵測微中子本身，但若能個別辨識電子、緲子、陶子，就可判別原本是哪種微中子（圖26）。

另外，這邊再提一件重要的事情——能量守恆定律。換言之，反應前後的能量總和必須不變。

以電微中子為例，假設標的的中子幾乎靜止不動，質量為939．6MeV。質子的質量938．3MeV和電子的質量0.5MeV，兩者加起來為938．8MeV，所以即便電微中子的能量有些低，仍舊有可能生成質子和電子（相減剩餘的能量，會變成電子和質子的動能）。

然而，陶微中子反應的情況是，陶子的質量高達1776．8MeV，假設可以忽視反應後陶子和質子的動能，則陶微中子必須具有總質量2715．1MeV減去中子質量的1775．5MeV。雖然陶微中子的質量目前不確定，但會小於18MeV，所以這個接近2000MeV的能量幾乎都得由動能來確保。

然而，動能大代表著動量大，根據動量守恆定律，反應後的質子和陶子也具有相當多的動量，也就是帶有動能。因此，想要引發這項反應，原本的陶微中子需要更大的動能。即便是反應式上容易生成的粒子，當質量一大，就不容易在實際的實驗製作出來。

圖26　基本粒子的世代

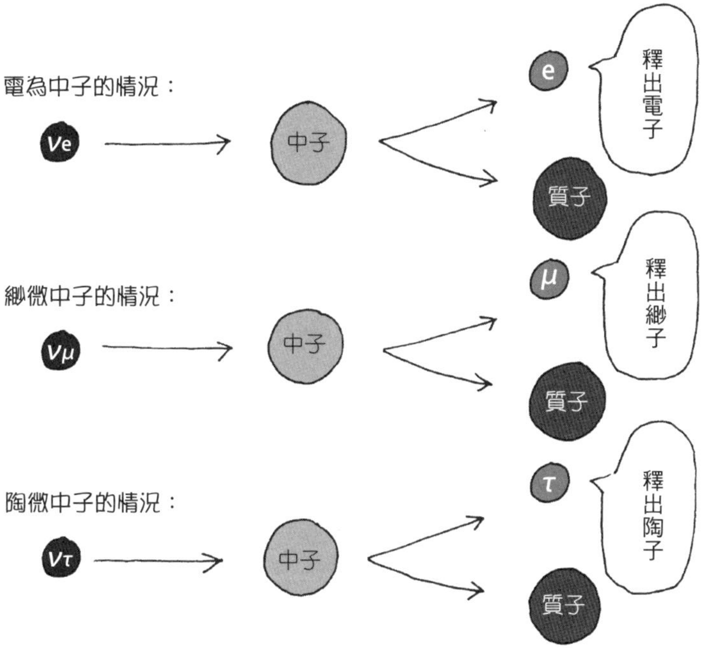

	第一代	第二代	第三代
夸克	u 上夸克	c 魅夸克	t 頂夸克
夸克	d 下夸克	s 奇夸克	b 底夸克
輕子	e 電子	μ 緲子	τ 陶子
輕子	νe 電微中子	νμ 緲微中子	ντ 陶微中子

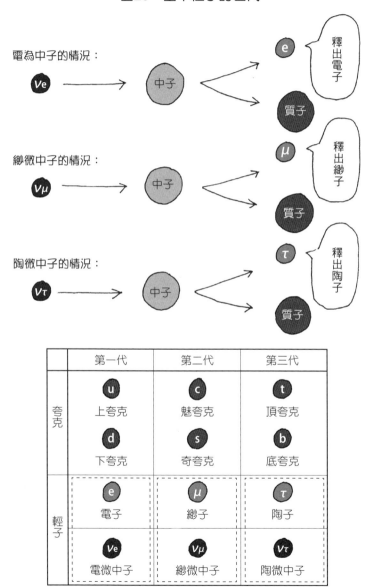

契忍可夫輻射

接著，來討論怎麼偵測微中子反應釋出的電子、緲子。

量測一個個荷電粒子的方法，有利用閃爍體（Scintillator）的閃爍體偵測器。閃爍體是指，荷電粒子通過後會發光的物質，廣泛用於偵測荷電粒子。圖27是以碘化鈉當作閃爍體的輻射線偵測器。

閃爍體是非常優異的偵測器，但缺點是價格昂貴。若是如圖27的小型偵測器還可以，但若是如後面會提到的巨大偵測器，需要挹注相當多的經費。因此，我們來想想別的方法吧。

在第一章討論貓波時，提到波的傳遞需要花費時間。其實，這個波的傳遞速度有限，是很重要的事情。

圖27　碘化鈉閃爍勘檢器（scintillation surveymeter）

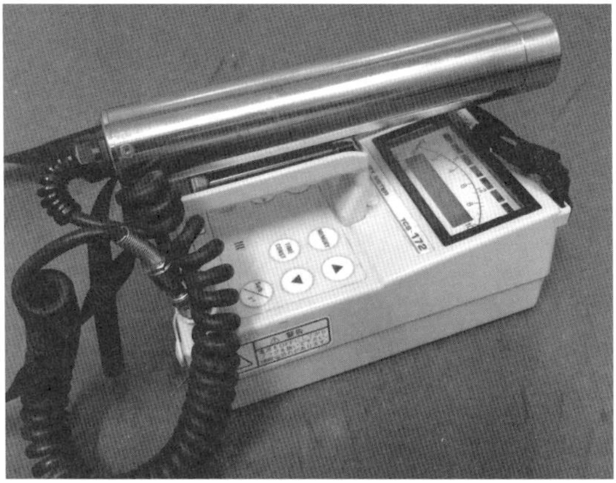

發送貓咪圖像的人（波源）靜止時，貓波會以同心圓狀靜靜傳播，但若這個人是邊移動邊發布貓咪圖像呢？比如，在街道上，經常可以看到廣告卡車。發現廣告車的人拍照上傳至推特，具有相同興趣的人看到該篇推文，波會像這樣傳播開來，但如果卡車行駛非常快，在下一個人看到推文之前，卡車就出現在他眼前呢？假設卡車通過眼前後，才看到第一個人的推文，會跟單單看到推文的情況不同，「對，就是那個！剛剛才從我眼前通過哦！」會像這樣產生強烈的印象（衝擊）吧。回覆最初的推文，可能讓話題討論更加熱絡。

請看圖28，最上面是波源靜止的情況。波會以同心圓狀傳播開來。

在第二張圖，波源是以波傳播速度的一半速度向右移動。由於各時間產生波的位置改變，波形會向右擠壓。宣傳資訊（宣傳廣告的波）的傳播效果不同，往卡車（波源）移動的方向，宣傳效果會比較顯著。

最下面第三張圖，波源是以波傳播速度的兩倍速度向右移動。同心圓崩壞變成奇妙的形狀。這些波疊加起來後，會產生連結各波面的切線狀波面。合成後的波會向虛線箭頭的方向傳播，形成所謂的「衝擊波」。這是波源的移動速度超過波的傳播速度時產生的波。

圖28　移動的波源

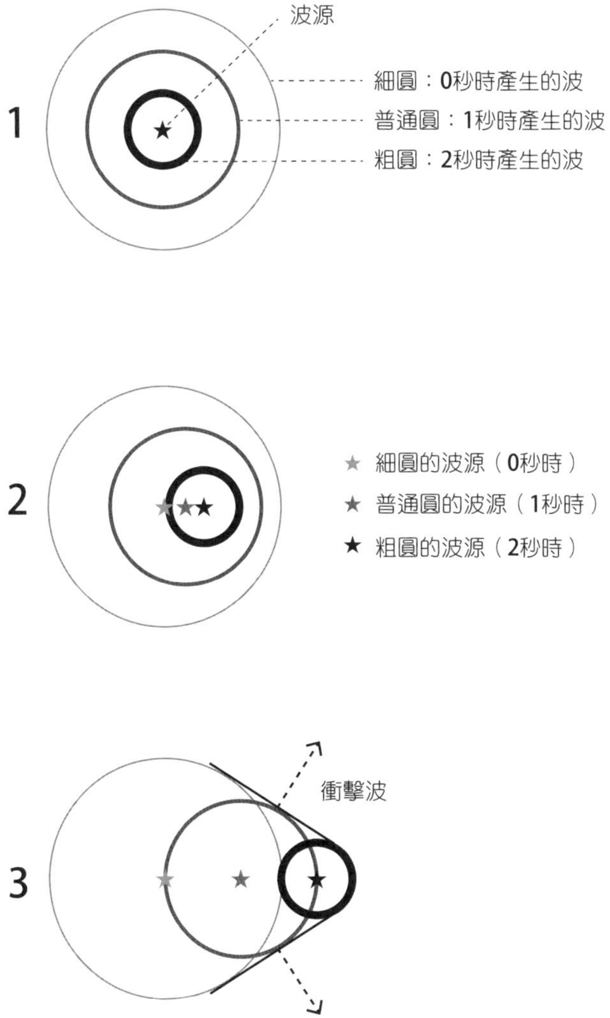
波源
細圓：0秒時產生的波
普通圓：1秒時產生的波
粗圓：2秒時產生的波
1
2
細圓的波源（0秒時）
普通圓的波源（1秒時）
粗圓的波源（2秒時）
3
衝擊波

圖29　艦艇產生的衝擊波

在聲音的世界，衝擊波相當有名，大家應該都有聽過超音速飛機等產生的「音爆（sonic boom）」吧。雖然聲音的衝擊波看不見，但換成水面的衝擊波就能夠看見。艦艇高速移動時產生的白波也是衝擊波。

那麼，荷電粒子為波源的衝擊波如何呢？貓荷產生的波是貓波，所以電荷產生的波是電磁波，也就是光。荷電粒子超越光（電磁波）的傳播速度時，也會產生「光的衝擊波」。為契忍可夫輻射（Cherenkov radiation）這是取自發現者帕維爾・契忍可夫（Pavel Cherenkov）的名字。

講到這邊，有些人可能會覺得「超越

光的速度」不合理，認為應該沒有東西能夠超越光速。然而，沒辦法超越的、世上最快速度的是「真空中的光速」，光在物質中的速度會變慢許多。比如，光在水中的速度僅有真空中75％左右。因此，光進入水面時會發生曲折現象。

另一方面，若是能量1MeV左右的電子，其速度早已超越光速的75％。荷電粒子在物質中經常超越光速。然後，微中子和中子反應產生的電子，在水中也會超越光速，產生光的衝擊波——契忍可夫輻射。如果能夠捕捉契忍可夫輻射，雖然是微中子→電子→契忍可夫輻射的雙重間接，但仍能夠捕捉到微中子。

帕維爾・契忍可夫

順便一提，微中子非常難以反應，所以微中子反應產生的契忍可夫輻射，僅能發出微弱的輻射，但若是大量荷電粒子反應，會發出人眼可見的光亮。比如，圖30下方是原子爐的爐心圖像，發出青白色的契忍可夫輻射。

水契忍可夫偵測器

不過，在圖29艦艇產生的波圖像是，靠近艦艇附近會激起明顯的白波，但稍微遠離艦艇馬上就會消失。這是因為波衰減了。由微中子反應生成的荷電粒子，其產生的契忍可夫輻射也會因周圍環境而光衰減，不久便會消失，沒辦法順利偵測出來。因此，利用契忍可夫輻射的偵測器時，標的本體必須是不使光衰減的透明物質才行。再加上本章一開始提到的條件：單價便宜能夠大量收集的東西。沒錯，最為常見的物質就是——水。

圖30　光的衝擊波：契忍可夫輻射

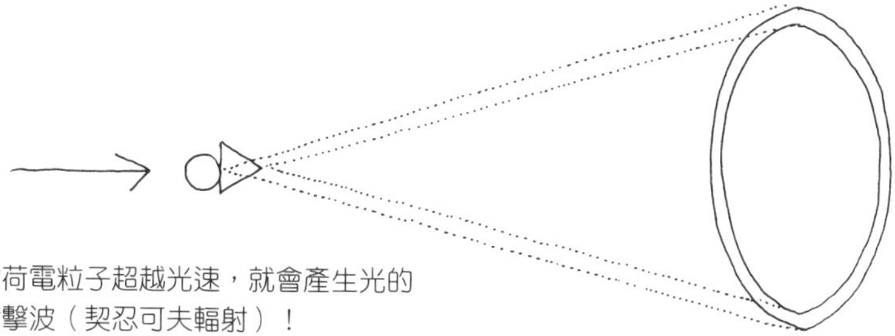

當荷電粒子超越光速，就會產生光的
衝擊波（契忍可夫輻射）！

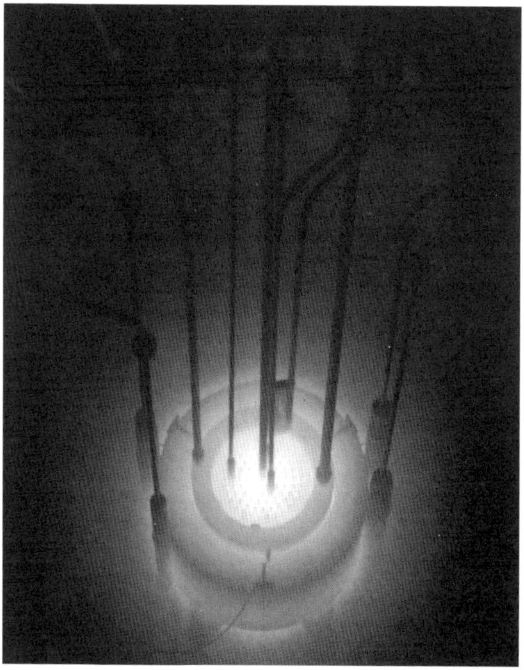

原子爐發出的藍光是契忍可夫輻射

圖31　神岡探測器

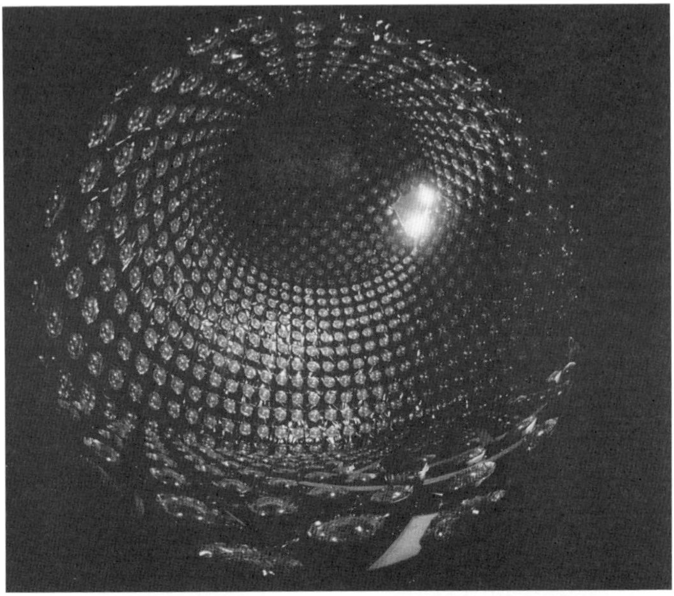

照片來源：東京大學 宇宙射線研究所
神岡宇宙基本粒子研究設施
（圖32亦同）

以1000根光電倍增管
包圍3000公噸的水。

圖31是水契忍可夫偵測器——神岡探測器，世界首度捕捉到來自太陽以外天體的微中子。簡單來說就是一個大蓄水槽，將三千公噸的水當作微中子的標的，而偵測標的產生的契忍可夫輻射，是密布於壁面上的凸起物。圖32是凸起物放大後的模樣。

簡直就像是燈泡妖怪嘛。這稱為光電倍增管（Photomultiplier），是將光轉為訊號的裝置。燈泡是將電流轉為光，功能正好相反過來。人類站在旁邊比較，就能體會其巨大的體積，這個直徑20英吋（50公分）的光電倍增管是前所未聞的儀器，由建設神岡探測器的東京大學宇宙射線研究所，向濱松光子學有限公司特別訂製開發，用來捕捉微中子的世界最強大、最高性能光電倍增管。

神岡探測器是將一千根倍增管安裝於水槽的壁面。

圖30的衝擊波是朝向箭頭的方向釋出，但這是二維的示意圖，在實際三維世界中，會是旋轉前者的形狀，也就是發出圓錐狀的契忍可夫輻射（圖33）。圓錐狀的契忍可夫輻射打到壁面後，在壁面上形

圖32　光電倍增管

成圓形，照射到契忍可夫輻射的光電倍增管會產生訊號。圖33下方是圖像化接受訊號的光電倍增管，呈現環狀的微中子訊號。

不過，如前所述，產生契忍可夫輻射的不是微中子本身，而是該反應產生的荷電粒子（電子、緲子）。然後，關於緲子，在第一章有稍微提到（39頁）。當時說到，緲子的溝通能力比電子還弱——不，應該說穿透性高。穿透水槽時，穿透性的差異會造成契忍可夫輻射的形狀不同。

請看圖34，上方是緲微中子的訊號，由於緲子的穿透性高，能夠在水中筆直前進，契忍可夫輻射的訊號環呈現漂亮的形狀。另一方面，下方是電微中子的訊號，由於電子飛行時會經常與水反應，所以訊號環呈現扭曲的形狀。

圖33　微中子的訊號

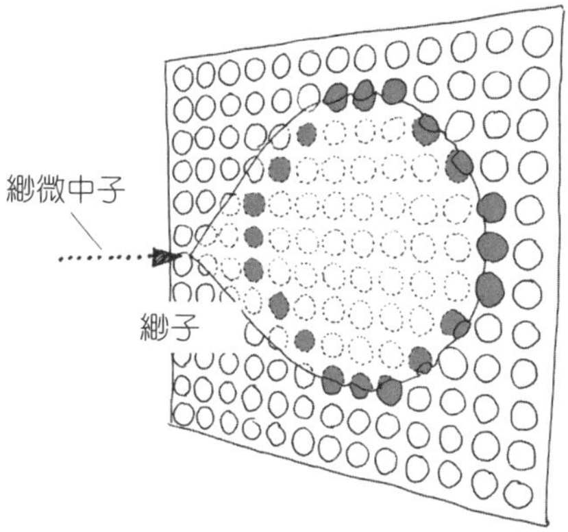

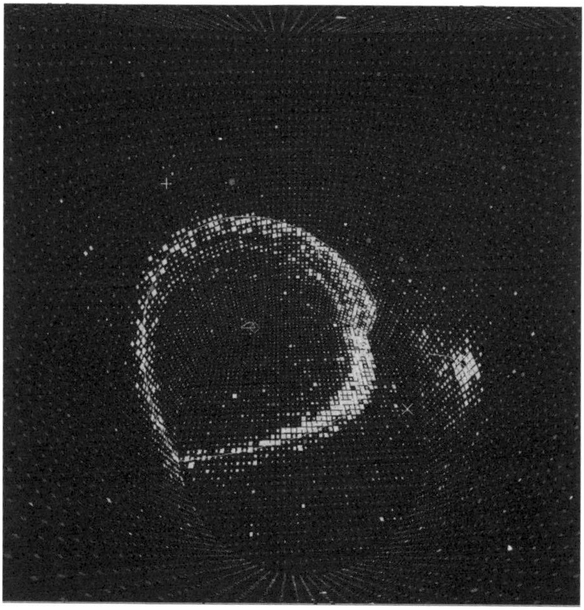

來源：東京大學 宇宙射線研究所 神岡宇宙基本粒子研究設施

大家在街上是不是經常拿到面紙、傳單呢？但不曉得為何自己總是被略過。我並沒有拒收，即便只是一般地走在街上，明明前後的人都有拿到，卻唯獨我沒有被發到。這可能是我的存在感薄弱吧……不過，多虧如此，自己才能夠像緲子一樣，不受打擾地按照自己的速度筆直走在街道上。

前面提到，如果能夠個別辨識電子、緲子，就可判別原本是哪種微中子，而這個水契忍可夫偵測器是極為優異的偵測器，能夠利用電子和緲子在水中的動作不同，區別偵測出電微中子和緲微中子。

塞翁失馬，焉知非福

不過，神岡探測器是**Kamioka Nucleon Decay Experiment**（神岡核子崩壞實驗）的略稱，如同其名，跟微中子沒有關係，過去是進行Nucleon Decay核子（質子和中子的統稱）崩壞觀測實驗的設施。

在物理學上存在大一統理論（Grand Unification Theory），為了驗證這項理論，建

圖34　緲微中子和電微中子的訊號差異

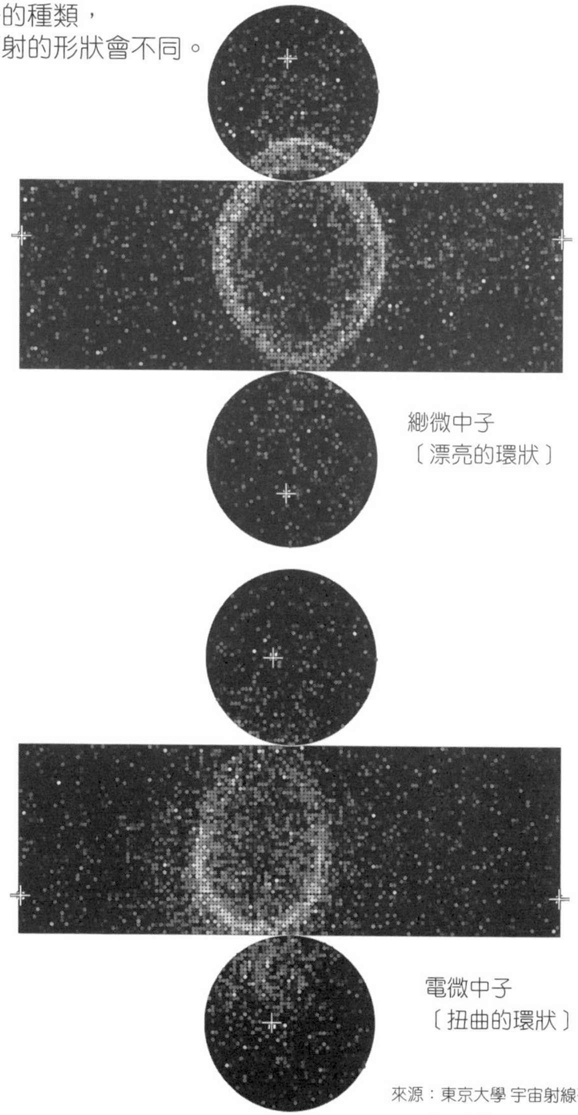
根據微中子的種類，
契忍可夫輻射的形狀會不同。

來源：東京大學 宇宙射線研究所
神岡宇宙基本粒子研究設施

造了神岡探測器來觀測其預言的質子崩壞。根據大一統理論，質子具有壽命，若能準備好神岡探測器容量的大量水（也就是質子），就有可能捕捉到質子崩壞的樣貌，神岡探測器是在這樣的意圖下建設出來的。換言之，當初並不是微中子的偵測器。

神岡探測器於一九八三年竣工並開始量測，但經過好幾年都沒有觀測到質子的崩壞。理論家預測的質子壽命不正確——而且，相差了好幾位數。

結果，神岡探測器未觀測到質子的崩壞，實驗以失敗告終，正當準備結束神岡探測器的任務時——！

一九八七年二月二十三日十六點三十五分，神岡探測器在地球上捕捉到大麥哲倫星雲內超新星（SN1987A）產生的微中子。

圖35　超新星！

1987.2.23 16:35 SN1987A

圖36　神岡探測器捕捉到的SN1987A微中子訊號

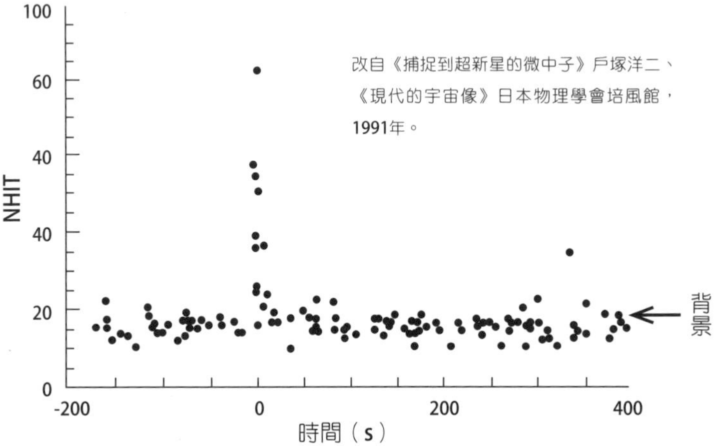

改自《捕捉到超新星的微中子》戶塚洋二、
《現代的宇宙像》日本物理學會培風館，
1991年。

日本時間1987年2月23日16點35分35秒（前後共600秒）

超新星是指，質量大的恆星迎來生命終期時發生的爆炸，此時會伴隨大量的光，並釋放大量的微中子。一部分的微中子會抵達地球，當中僅有極為少數的微中子與神岡探測器反應而被偵測出來。圖36是當時的數據。

這邊的重點是，十一個訊號集中出現在十三秒之間。超新星發出的光會持續數個月，但微中子理論上預測，僅會集中在發生爆炸最初十秒之間釋放。然後該觀測數據完全跟預測一致。除此之外，根據觀測到的個數、能量所計算出來，SN1987A原本釋出的微中子全個數、全能量，令人驚訝地與超新星的理論模型吻合。未捕捉到質子崩壞的神岡探測器，完美地補捉到超新星的微中子。這成為史上首度以電磁波以外的方式觀測天體的事蹟。

多虧如此，日本躍然成為微中子研究的主角，率領神岡探測器實驗團隊的小柴教授，因這項功績獲頒諾貝爾獎。日本如今仍能在微中子的研究上領導全球，以及我現在能夠研究微中子，都是源自這個超新星的觀測。

付出獲得幸運的努力

這個事件可說是偶然的產物，附近的天體是否發生超新星爆炸，不是人類能決定的。然而，即便發生超新星爆炸純屬偶然，捕捉到微中子卻不是偶然，而是必然的結果。

在觀測質子崩壞的實驗以失敗告終後，神岡探測器研究團隊開始思考，難得建設出來的巨大探測器能不能用在其他實驗上，於是開始討論是否可用來偵測微中子。想要將神岡探測器當作微中子偵測器使用，必須進行兩個重要的改良。

首先是減少雜訊。請看圖36，有注意到上頭寫著「背景」吧。實驗裝置肯定會混有雜訊，若真正的訊號被雜訊埋沒，就不可能偵測出來，所以如何降低雜訊水準，偵測器敏感度成為實驗成功與否的重要關鍵。在質子崩壞實驗的神岡探測器，雜訊的程度非常得高，若直接挪用，雜訊會蓋過SN1987A的訊號。

雜訊的根源是微中子反應之外的荷電粒子，也就是輻射線。神岡探測器如同其名，建設於神岡礦山跡地的地底深處，這是為了使偵測器遠離宇宙的輻射線（宇宙射線）。然而，想要抑制微中子微弱訊號以外的雜訊，光是這樣仍舊不夠。就連在作為標的的水中，也含有釋出輻射線的輻射物質。因此，為了排除水中的輻射物質，標的的水改使用超純水。

同樣觀看圖36，重要的是隨著時間推進正確量測。如前所述，超新星觀測的決定性關鍵是，全數微中子集中在十秒之間。因此，需要有精準時間解析度（temporal resolution）的數據收集系統。該系統的建立也是重要的改良點。

完成這些改良後，超新星爆炸就發生了。

這個超新星SN1987A的觀測，常被喻為從架上掉下來的牡丹餅（意為意料之外的幸運）。或許真是如此也說不定，但若牡丹餅從架上掉下來的瞬間，沒有付出努力走到架下，也不可能接到牡丹餅。

全球最大的微中子偵測器——超級神岡探測器

經由這項偉大的成果，開拓了使用水契忍可夫偵測器的微中子物理學之路。神岡探測器從**Kamioka Nucleon Decay Experiment**（神岡核子崩壞實驗）蛻變為**Kamioka Neutrion Detection Experiment**（神岡微中子偵測實驗）。

然後，建設出規模擴大、偵測敏感度更加提升的超級神探測器。直徑四十公尺、高四十公尺的巨大槽桶注滿五萬公噸的超純水，以一萬根光電倍增管圍起的全球最大水契忍可夫偵測器，自一九九六年開始運作，至今仍舊君臨全球最大微中子探測器的寶座。

那麼，自下一章開始，來討論經由超級神岡探測器發現的驚人現象。

圖37　超級神岡探測器！

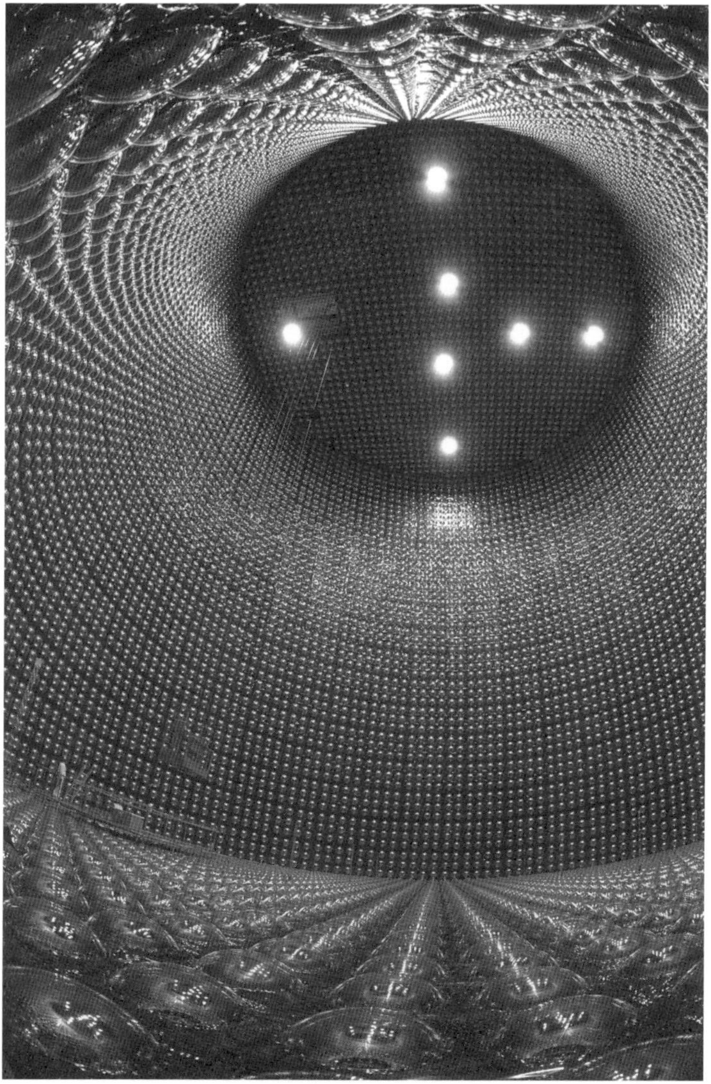

照片來源：東京大學 宇宙射線研究所 神岡宇宙基本粒子研究設施（圖38亦同）

圖38　五萬公噸的巨大槽桶

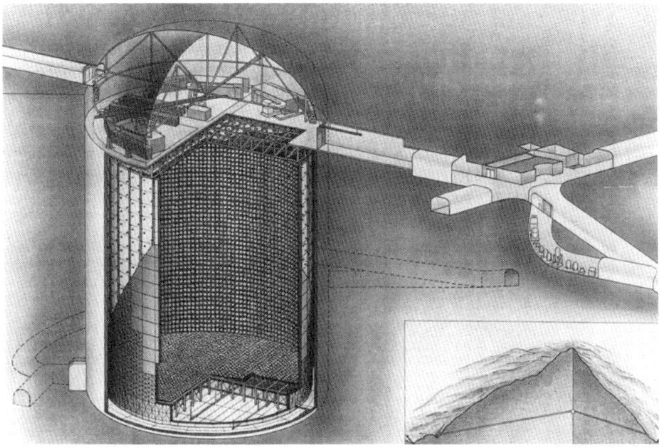

尺寸是神岡探測器的17倍

第四章

微中子振盪

這邊再稍微聊聊題外話，請回想一下色荷這個概念。色荷是強力作用的荷量，相當於電磁力中的電荷。然後，相對於電荷具有＋和－兩種類型，色荷包具有三種類型（包含反物質共有六種類型；36頁）。

那麼，明明夸克實際上並沒有顏色，為什麼物理學家會取名為「色荷」呢？這麼取名是有理由。

三個夸克構成質子、中子等核子，此時各夸克的顏色是重合紅、藍、綠三種顏色。另一方面，人類無法單獨觀測夸克，其中的理由是可用「人類的眼睛僅能觀看黑白電視」來比喻。年輕一輩可能不清楚「黑白電視」，電視剛問世時，畫面沒有顏色，僅有明暗不同而已（僅有黑白的濃淡而已）。夸克單獨存在時具有顏色，但我們僅能看出黑白，無法觀測，但如核子重合紅、藍、綠三色後，會變成我們也能夠觀測到的白色。為了如此比喻，物理學家才以顏色來表達荷量。

而電荷具有＋和－兩種類型，粒子與反粒子反轉時，符號也會跟著反轉，色荷也有反轉形式，相對於紅、藍、綠分別叫作反紅、反藍、反綠，真是不怎麼聰明的稱法。

圖39　夸克的觀測

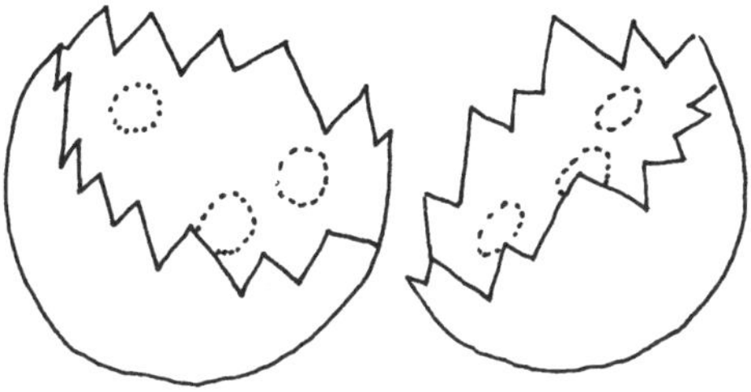

夸克無法單獨取出，
也無法單獨觀測。

紅、藍、綠是夸克帶有的荷量，而反紅、反藍、反綠是反夸克帶有的荷量，如同電荷的＋和－是彼此的反轉物質，能夠相互抵銷。反紅、反藍、反綠三個重合後也會變成白色，比如我們能夠觀測到由三個反夸克構成的反質子。

這樣一想，各位有注意到另一個「觀測」夸克的方法嗎？除了白色，黑白電視也能看到黑色。比如，紅色夸克和反紅色夸克重合後，會彼此抵銷，使得顏色消失，變成我們能夠觀測到的黑色（許多物理學家認為，應該用「白色」來描述紅色和反紅色重合，但我覺得「黑色」更適合表達彼此抵銷）。

如同上述，若夸克和反夸克成對，就會變成能夠觀測到的粒子——介子（meson）。介子產生於核子間的衝撞，但與備齊三色的核子不同，不穩定且壽命非常短。

π介子

成對的夸克和反夸克可能發生對消滅，但若是成對的上夸克和反下夸克，因種類不同而不會發生對消滅。由成對的上夸克和反下夸克構成的粒子，稱為π^+介子。那麼，來稍微詳細討論這個π^+介子吧。

圖40　黑白電視

我們人類僅能觀看黑白電視。

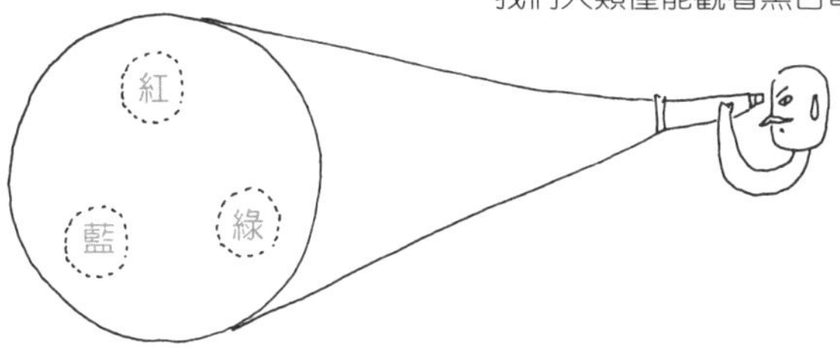

我們沒辦法辨識彩色，
所以不能觀測到夸克的紅、藍、綠等單色，
只有在重合成「白色」或者「黑色」時，
才能夠辨識出來。

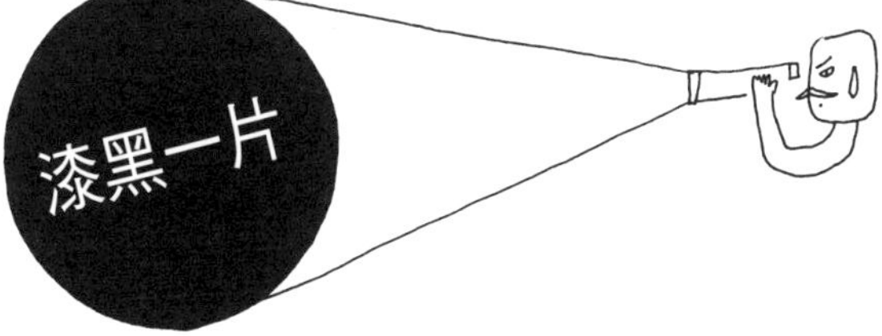

這個 π^+ 介子僅約有26奈秒（ns）的壽命，會崩壞成反緲子（$^+\mu$）和緲微中子（ν_μ）。

$$\pi^+ \rightarrow (^+\mu) + (\nu_\mu)$$

假設上夸克寫成（^+u）、反下夸克寫成（^-d），（下夸克本身帶有負的電荷，這麼寫或許不太恰當，但這邊是強調其為反粒子），則反應式可寫成：

$$(^+u) + (^-d) \rightarrow (^+\mu) + (\nu_\mu)$$

機會難得，試著應用前面講過的內容，勉強拼湊出此反應式吧。

在第三章，介紹了中子和緲微中子的反應（83頁）：

$$n + (\nu_\mu) \rightarrow p + (\mu^-)$$

另外，在第一章有提到，中子崩壞成質子的反應，實質上僅是內部一個的下夸克轉為一個上夸克而已（47頁）。這邊將中子和質子的反應，寫出內部的夸克：

$$(+u) + (+d) + (+d) + (\nu_\mu) \rightarrow (+u) + (+u) + (+d) + (\mu^-)$$

注意內部的夸克，因為僅是一個下夸克（+d）轉為一個上夸克（+u），省略其他的夸克後可簡寫成：

$$(+d) + (\nu_\mu) \rightarrow (+u) + (\mu^-)$$

這邊按照慣例想成是數學式，將緲子（$-\mu$）移到左邊；下夸克（$+d$）移到右邊，移項後符號反轉：

$$(+\mu)+(\nu_\mu)\rightarrow(+u)+(-d)$$

左右兩邊對調後，會神奇地變成 π^+ 介子崩壞的反應：

$$(+u)+(-d)\rightarrow(+\mu)+(\nu_\mu)$$

雖然推導得相當強硬，但期望各位藉由這樣拼湊式子，對粒子的生成、消滅產生興趣，心生認真翻書學習的念頭。

核子間衝撞產生的不僅只 π^+ 介子，也會同時生成反粒子 π^- 介子。π^- 介子是反轉 π^+ 介子中的夸克，由反上夸克和下夸克所構成。其崩壞產生的粒子也是反轉的結果，生成緲子和反緲微中子：

$$\pi^- \rightarrow (-\mu) + (\overline{\nu_\mu})$$

按照慣例又講了題外話，後面回來講微中子的事情。

大氣微中子

π介子是經由核子間衝撞生成，適合作為人工生成微中子的方法。在我們的實驗設施J-PARC，也是加速質子衝撞標的（石墨），使其產生的π介子崩壞來生成微中子。而且，這個方法會同時生成緲微中子和反緲微中子，可以將人工緲微中子（或者人工反緲微中子）射向超級神岡探測器來進行實驗（J-PARC是如何生成微中子，請參閱拙著《基本粒子物理超入門》（台灣東販））。

然後，除了人工引起之外，這個現象也會在自然界發生。

在宇宙中，各種粒子高速四處飛行。簡言之，高速飛行的粒子就是輻射線，是會對人體帶來不好影響的物質，多虧地球外圍覆蓋的大氣，我們才能幾乎不受影響地生活。大氣阻擋了來自宇宙的粒子（宇宙射線）。

頻繁乘坐飛機會暴露過多輻射線，客機的飛行高度為一萬公尺，輻射線量約為地面的一百倍。輻射線會如此高，是因為飛行在大氣層薄弱的地方，沒有受到大氣層的保護。但是，未被大氣阻擋的輻射線，比起直接來自宇宙的宇宙射線本身，該宇宙射線衝撞大氣所產生的新粒子，後者的影響會比較顯著。沒錯，大氣阻擋宇宙射線，也就是大氣的構成分子（裡頭的原子核）與宇宙射線衝撞。所以，衝撞時會產生各式各樣的新粒子，π介子也是其中之一（圖41）。

如前所述，π介子的壽命極短，會崩壞成緲子和緲微中子。換言之，大氣會一直生成微中子落至地面，這稱為「大氣微中子」。相對於來自太陽的太陽微中子是電微中子，如此生成的大氣微中子是緲微中子。

圖41　大氣微中子的生成

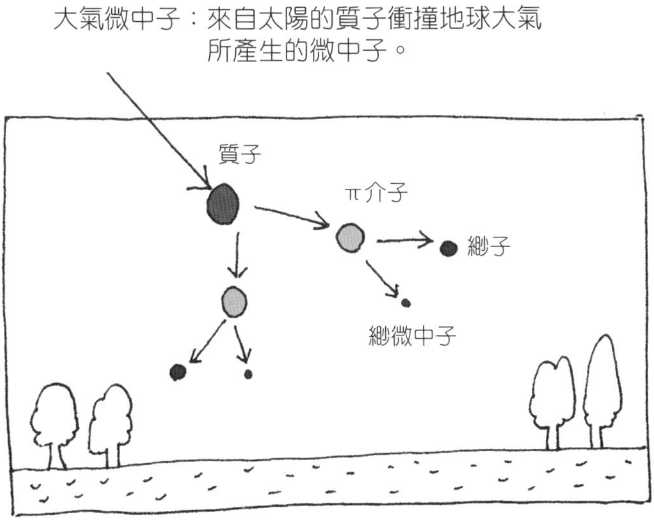
大氣微中子：來自太陽的質子衝撞地球大氣所產生的微中子。
質子
π介子
緲子
緲微中子

從各個方向降下的微中子

超級神岡探測器自開始運轉以來，持續觀測大氣微中子。說到大氣，容易讓人聯想到頭上的大氣，但地球上無處沒有大氣，世界各地都會生成大氣微中子，然後全部都會降至超級神岡探測器。雖然腳下有著巨大的地球，但如第一章所述，對微中子來說，地球宛若不存在，超級神岡探測器彷彿飄浮在一無所有的空間。無論是在日本大氣生成的微中子，還是在歐洲大氣生成的微

圖42　集結世界各地大氣生成的微中子

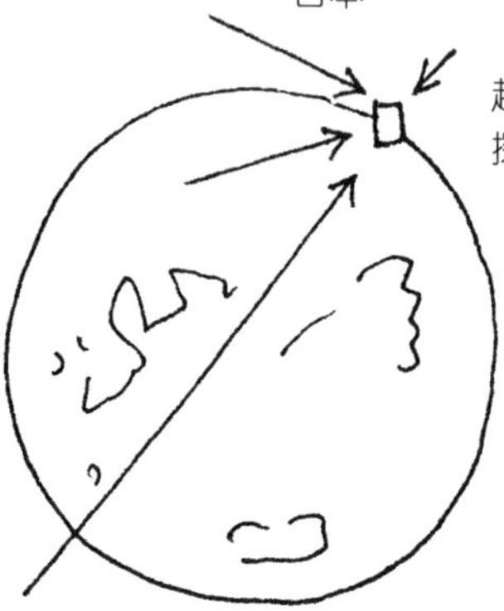

中子，抑或是在巴西大氣生成的微中子，同樣都會降至超級神岡探測器。

然而，在超級神岡探測器持續觀察的過程中，實驗團隊注意到有地方不對勁。頭上來自日本上空大氣的微中子，與腳下來自巴西上空大氣的微中子，數量相差非常多，後者的微中子數量明顯比較少。

這若是其他粒子，可解釋為來自腳下的粒子與地球發生反應，所以數量變少，但如前所述，微中子與地球反應所減少的量僅有五十億分之一。所以，中間存在地球並不構成太大的問題。如果硬要說其中的差異，就是抵達超級神岡探測器的飛行距離。頭上的微中子飛行數公里馬上就會被觀測到，但腳下的微中子需要飛行地球直徑一千三百公里的距離才能被觀測到。換言之，該觀測結果意味，除了與地球等其他物質反應以外，飛行過程中還存在某種減少微中子（緲微中子）的作用機制。

這個未知的現象有造成現場一片混亂嗎？答案是「Her（俄語：否定的）」。

早在超級神岡探測器開始觀測三十年前，就已經公開發表了能夠解釋此現象的理論。

微中子振盪理論

坂田昌一、牧二郎、中川昌美等三位教授，於一九六二年提出了「微中子振盪理論」。這是描述電微中子、緲微中子、陶微中子三種微中子，在滿足某條件下能夠彼此相互變化的理論。比如，緲微中子在大氣中生成，但在飛行中，卻會變成陶微中子。

基本粒子的種類改變，就某種意義上來說，是相當令人震驚的事情。當然，如前所見，微中子會跟其他粒子反應發生變化，但這次不是如此，單獨且隨時間經過轉為其他基本粒子的現象，完全超出了人類過去構築起來的物理學理論系統。

在第一章提到，大家早上起床不用擔心自己的左手消失不見，是因為構成身體的粒子穩定，但微中子豈止明天早上，可能轉眼間就變成其他粒子。若真是如此，的確令人相當吃驚。

關於「某條件」稍後再說明。那麼，如果該理論正確，就能夠說明超級神岡探測器觀測到的現象嗎？請看圖43。

圖43　超級神岡探測器觀測到的微中子

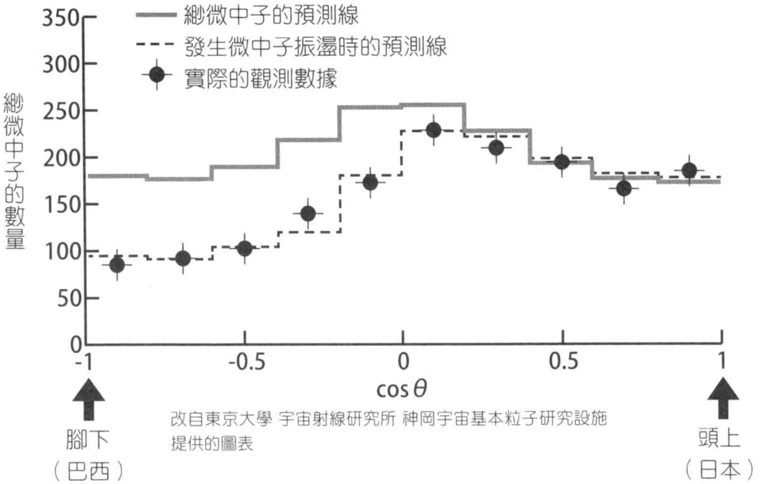

改自東京大學 宇宙射線研究所 神岡宇宙基本粒子研究設施提供的圖表

此圖是某期間超級神岡探測器的大氣微中子觀測結果，與理論預測值重疊。縱軸為捕捉的微中子數量，橫軸為超級神岡探測器的觀測角度。「1」表示來自頭上（日本上空）的微中子；「-1」表示來自腳下（巴西上空）的微中子。

實線是未發生微中子振盪時的預測值。未發生微中子振盪是指，微中子沒有發生變化，來自日本或者巴西的緲微中子數量相同，觀測到相同的數量（此圖為180個）。中央附近會隆起，是因為在水平方向，宇宙射線實質上穿過較厚的大氣層，相對會生成較多的粒子。

另一方面，虛線表示發生如微中子振盪理論現象時的預測值，可知腳下端會大幅低於灰線。這跟微中子振盪有什麼樣的關係呢？

由於來自各處的緲微中子偵測率相同，為了簡化說明直接無視（假設偵測出來全部粒子），如果日本和巴西分別生成數量相同的一百八十個緲微中子，來自日本的馬上就能抵達超級神岡探測器，還來不及轉為其他微中子就被捕捉，幾乎全部一百八十個都被觀測為緲微中子；來自巴西的即便同樣生成一百八十個，在距離一萬三千公里的飛行過程中，若有九十個轉為陶微中子，則維持緲微中子的就僅剩下九十個。如第三章（82頁）所述，陶子因質量較重而難以生成（需要龐大的能量），所以進入超級神岡探測器水槽的陶微中子不會生成陶子，只能觀測為九十個緲微中子的訊號。

然後，◆表示實際的觀測結果。是不是覺得跟虛線完全一致呢？此觀測結果，明確表示發生了微中子振盪！坂田教授、牧教授、中川教授的理論，經過三十年才被證明是正確的。

由於這項偉大的世紀發現，率領超級神岡探測器實驗團隊的梶田教授獲頒了諾貝爾獎。

梶田教授受頒諾貝爾獎時，日本的新聞僅強調：「發現微中子具有質量。」所以完全不曉得微中子為何物，具有質量只不過是像副產物一樣的性質，真正重要的是，微中子會隨著時間轉為其他種類的微中子。

那麼，來說明前面提到發生微中子振盪的「某條件」吧。

首先，三種微中子必須彼此「混合」。「混合」的概念非常難以理解，意思是跟中子和質子一樣由同種類的粒子構成嗎？不對，微中子是基本粒子，沒有內部構造，並非由某種更細小的粒子聚集形成。

想要理解此概念，必須用到量子力學中的波粒二象性。這邊又要講題外話了，但只會稍微帶過而已，還請各位諒解。

薛丁格的貓

粒子具有波的性質，不是聚集一點的質點，而是空間上帶有寬度的波狀特性。這是任何物體皆具有的性質，但體積愈小效果愈明顯，在我們眼睛所見世界沒有辦法注意到，相反地，在基本粒子的世界則非常顯著。

大家聽過「薛丁格的貓」嗎？這是奧地利物理學家埃爾溫・薛丁格（Erwin Schrodinger）提出的思想實驗，描述世間萬物的存在、特性，都僅能用機率論來討論。

在一個有蓋的箱子中，放入一隻貓和一個裝置。裝置裝入輻射性原子（就僅有一個原子）、輻射性量測器、氰化氫產生器，其機制是當輻射性原子釋出輻射線，量測器偵測到後，會啟動氰化氫產生器殺死貓。輻射性原子何時發生崩壞完全是隨機的，若大量收集數據取平均值，可推知貓咪死亡的時間，但若是單一原子，就不曉得死亡時間了。貓咪在某個時間點是活是死是機率的問題，這個機率可表為時間的函數。但是，實際在某個時間點打開蓋子以確認貓咪的狀態時，不會有三七・二％死亡的情況，只有存活或者死亡兩種結果。

不過，薛丁格到底跟貓咪有什麼仇恨啊？我認識的人大多都喜歡貓咪，若以貓咪來比喻，他們可能就不會買這本書。所以，這邊改用貓妖來比喻。

貓妖若被人類看到妖怪的姿態，不利於往後的生活，所以在人類眼前，一定要變成貓的姿態。這隻貓能夠任意化身白貓或者黑貓，變成哪種顏色完全隨貓的心情而定。維持貓咪的姿態相當麻煩，所以平時大多保持妖怪的姿態，但當人類看向牠的瞬間，就會變身成白貓或者黑貓。這就像是平時在家裡不穿衣服的人，在宅配人員拜訪的瞬間穿上衣服一樣。

打開箱蓋的瞬間，模樣是白貓還是黑貓只有貓咪知道，若能解析貓咪的心情，就可預測某時間點打開蓋子為黑貓的機率。然而，白貓、黑貓是欺騙人類的虛假姿態，想要知道貓咪的心情，必須解析人類看不見、密閉箱中的真正模樣。白貓、黑貓是我們實際能夠觀測的結果，也就是粒子，但實際上應該計算機率的對象是箱中真正的模樣——貓波（波函數）。

圖44　薛丁格的貓

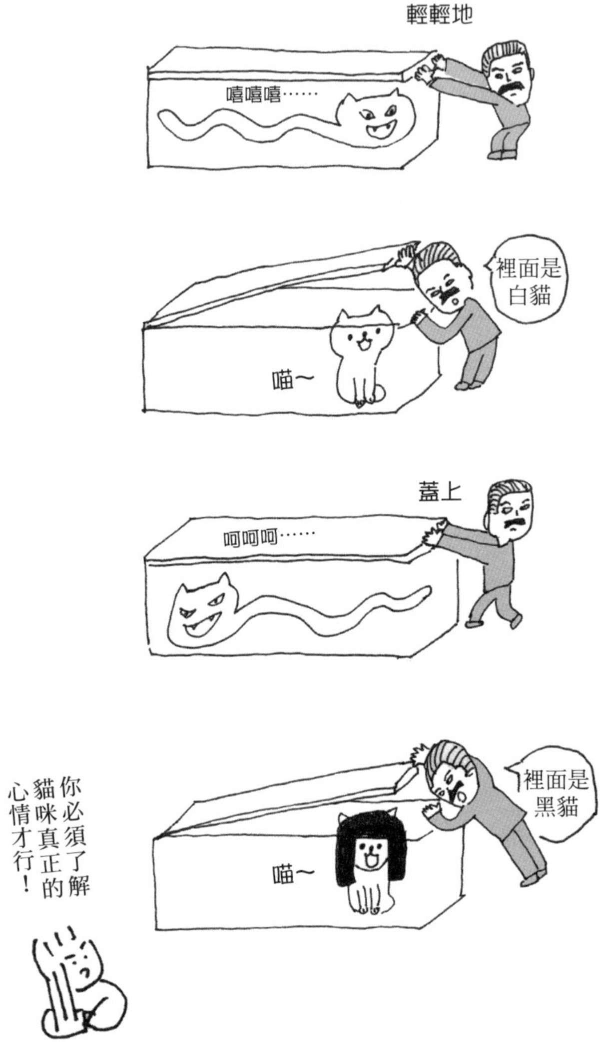

輕輕地
嘻嘻嘻……
裡面是白貓
喵～
蓋上
呵呵呵……
裡面是黑貓
喵～
你必須了解貓咪真正的心情才行！

這項思考實驗的對象是什麼生物都行，但選擇貓咪真是有慧眼，粒子的特性就像貓咪一樣反復無常。簡言之，為了解析不得要領的貓粒子行動，物理學家會將其當作貓波（波函數）來處理。

貓咪在歐洲很受人愛戴，所以除了「薛丁格」以外，也經常出現在其他比喻當中。對於花費龐大時間和精力，歷經反覆無數次嘗試而建構起自然科學的古人們，有如下說法能表達對他們最深的敬意：「所謂的科學，乃是在漆黑的房間中，遮住雙眼尋找黑貓。」

我非常喜歡這句話，而這句話還有後續：「所謂的哲學，乃是在漆黑的房間中，遮住雙眼尋找不存在的黑貓。」

至於史達林所說的辯證唯物主義，乃是在漆黑的房間中，遮住雙眼尋找不存在的黑貓時，突然叫道：「這裡有貓咪！」

波的疊合

世界各處都充滿了波，這邊就以樂器的聲音為例來討論。即便是音調相同（相同波長）的聲音，大家也能夠區分吉他聲和鋼琴聲。這是為什麼呢？答案是音色（波形）不一樣。

下一頁的圖45是吉他和鋼琴相同音調（440 Hz）的波形，兩者相差非常多。為什麼會有這麼大的差異呢？因為發出聲音的樂器形狀不一樣。儘管吉他和鋼琴同樣是振動鐵線來發出聲響，回響聲音的音箱形狀差異極大，除了由鐵線長度決定的基本頻率波以外，音箱振動生成的各種頻率波相互疊合，整體形成複雜形狀的波形（而且，鐵線本身也不是僅以基本頻率振動）。如圖46模式化後，複數基本波形的波疊合，形成吉他、鋼琴的聲音。吉他和鋼琴的波形差異，來自於基本波重疊時的比例不同。

圖45　吉他和鋼琴的聲音波形

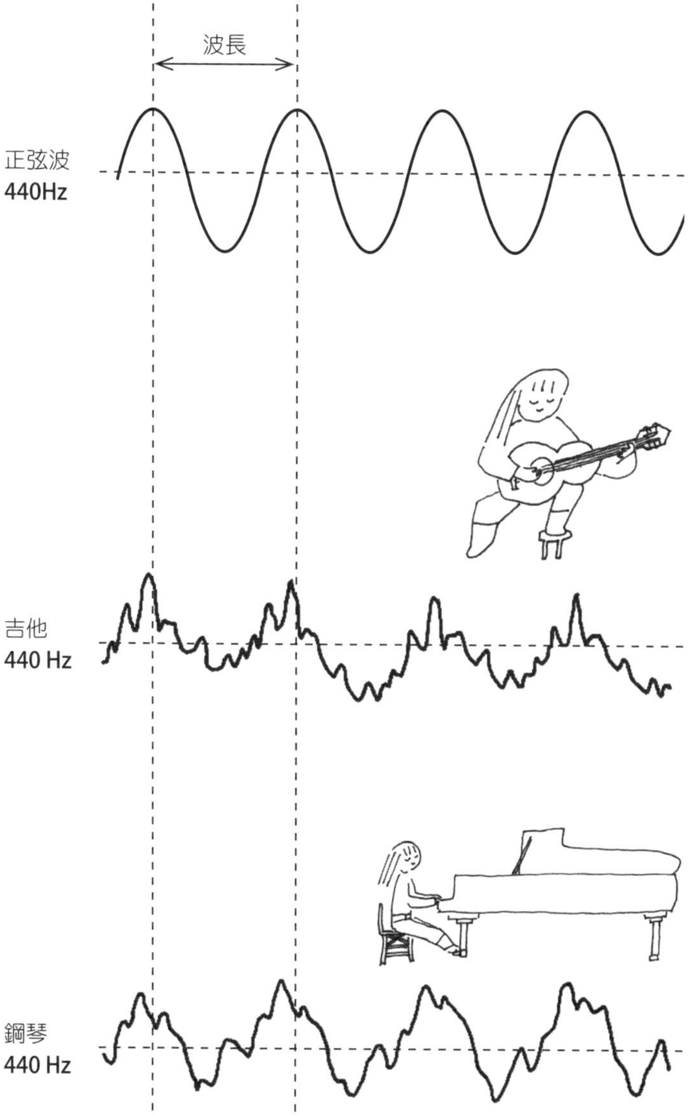

圖46　樂器音箱生成的各種頻率波

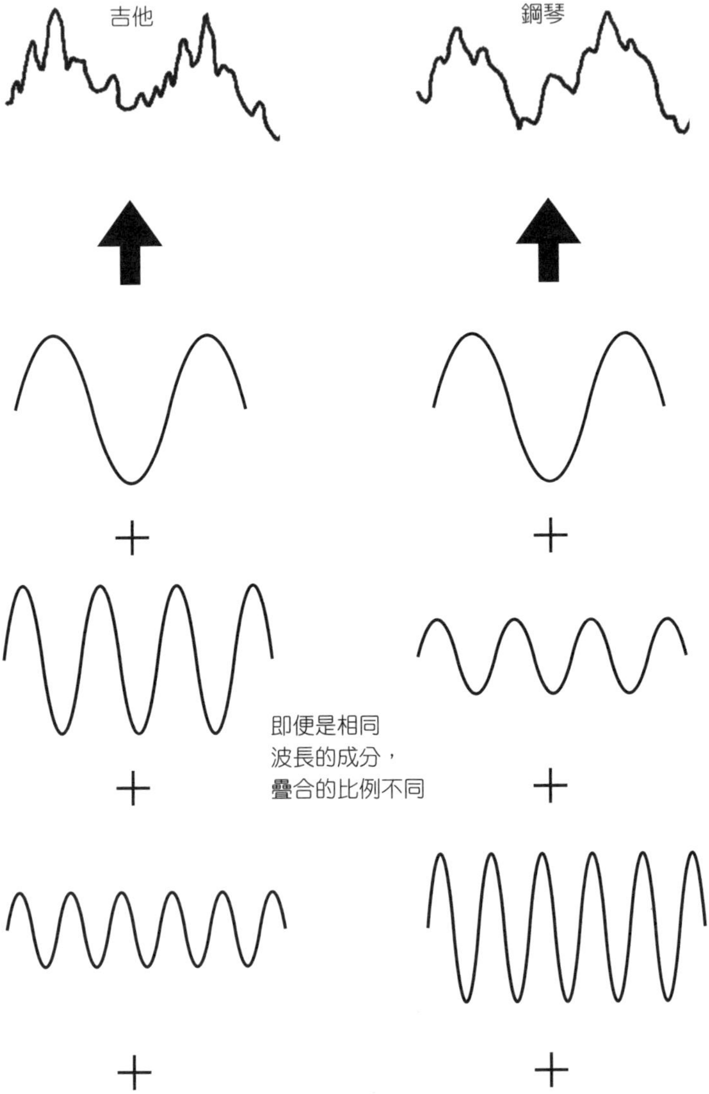
吉他
鋼琴
即便是相同
波長的成分，
疊合的比例不同

雖然這可使用分析波形的裝置來分離，但我們耳朵實際聽見的聲音也只是吉他聲、鋼琴聲，並無法聽出是吉他的哪個部分振動發出的聲響。基本粒子也可說是由複數波疊合而成，並不是由複數粒子所構成，僅有相互重疊形成的合成波，才會變成我們能夠觀測到的粒子。

微中子的三種波

回來談微中子，在微中子振盪理論中，微中子也可用複數波疊合來表達。各種微中子都是由 ν_1、ν_2、ν_3 三種波疊合，而 ν_e、ν_μ、ν_τ 的種類差異來自於 ν_1、ν_2、ν_3 的成分比例不同。ν_1、ν_2、ν_3 等成分各以多少的比例混合呢？這可用名為「PMNS矩陣」的行列式來描述。PMNS是龐蒂科夫、牧、中川、坂田的略稱，分別取前面三位教授與提出微中子振盪想法前身的義大利物理學家布魯諾・龐蒂科夫（Bruno Pontecorvo）的名字開頭。在對一般大眾的演講中，我會盡可能避免使用數學式，不介紹下面的行列式，但這次為了讓討厭數學式的人傷腦筋，刻意在這邊列出來：

$$\begin{bmatrix}\nu_e\\ \nu_\mu\\ \nu_\tau\end{bmatrix}=\begin{bmatrix}1&0&0\\0&\cos\theta_{23}&\sin\theta_{23}\\0&-\sin\theta_{23}&\cos\theta_{23}\end{bmatrix}\begin{bmatrix}\cos\theta_{13}&0&\sin\theta_{13}e^{-i\delta}\\0&1&0\\-\sin\theta_{13}e^{i\delta}&0&\cos\theta_{13}\end{bmatrix}\begin{bmatrix}\cos\theta_{12}&\sin\theta_{12}&0\\-\sin\theta_{12}&\cos\theta_{12}&0\\0&0&1\end{bmatrix}\begin{bmatrix}\nu_1\\ \nu_2\\ \nu_3\end{bmatrix}$$

因前面內容稍微對物理學產生興趣的人，可能又變得討厭起物理學來了。這邊的重點是，ν_e、ν_μ、ν_τ 的三種微中子是由 ν_1、ν_2、ν_3 三種波成分混合構成，彼此的差異在於成分比例的不同，且我們能夠觀測為粒子的就只有 ν_e、ν_μ、ν_τ，而不是 ν_1、ν_2、ν_3。雖然 ν_1、ν_2、ν_3 是真正模樣的貓波，但我們眼睛實際看見的僅有 ν_e、ν_μ、ν_τ 等白貓或者黑貓。

這個式子有四個參數，θ_{12}、θ_{23}、θ_{13} 三個「混合角（mixing angle）」和 δ。θ_{12}、θ_{23}、θ_{13} 是描述混合多少微中子的量，依序分別為「電微中子和緲微中子的混合」「緲微中子和陶微中子的混合」「電微中子和陶微中子的混合」。δ 會在第五章說明。

由於這個式子過於複雜，為了簡化說明，這邊僅討論緲微中子和陶微中子兩種微中子之間的混合。假設其微中子的成分只有 ν_1、ν_2，就會變成相當簡潔的形式：

$$\begin{bmatrix} \nu_\mu \\ \nu_\tau \end{bmatrix} = \begin{bmatrix} \cos\theta & -\sin\theta \\ \sin\theta & \cos\theta \end{bmatrix} \begin{bmatrix} \nu_1 \\ \nu_2 \end{bmatrix}$$

因為是僅有緲微中子和陶微中子的混合，混合角也僅有θ一種。不擅長行列式的人，可改寫成數學式：

$$\nu_\mu = \nu_1 \cos\theta - \nu_2 \sin\theta$$
$$\nu_\tau = \nu_1 \sin\theta + \nu_2 \cos\theta$$

那麼，以下來討論式子的意義。

微中子的混合角

大家喜歡繪畫嗎？前面舉了音樂的例子，這次想來聊聊繪畫。雖然我完全沒有繪畫的才能，構圖草率、僅能畫出拙劣的畫作，但喜歡鑑賞他人畫出的美麗繪畫。第一次前往羅浮宮時，裡頭展示了許多在網路上看過的超有名、堪稱人間瑰寶的作品，但館內的限制寬鬆，不但能夠近距離自由觀賞，還可自由拍攝，令人興奮不已。我非常欽佩那似在說著「我們代表人類保管這些瑰寶，所以才如此完全開放地公開」的態度。我並沒有要貶低其他地方的意思，但在其他國家，多是禁止攝影或者僅限定公開作品，令人感到遺憾。這或許是持有者的想法不同所致，有些人認為應該與他人共同觀賞，也有些人認為只要自己能夠鑑賞就行了。

請看圖47，假設在垂直相交的座標上住著 μ 先生和 τ 先生。他們的興趣為繪畫，各自收藏用來描摹的畫作，μ 先生持有人物畫（ν_1）；τ 先生持有風景畫（ν_2）。如果雙方毫無交流來往，獨占自己收藏的描摹畫作來鑑賞（上圖），μ 先生就會因為從正側面無法看見繪畫，沒辦法觀賞對方的畫作，而只畫人物畫；τ 先生則只畫風

圖47　混合角與疊合

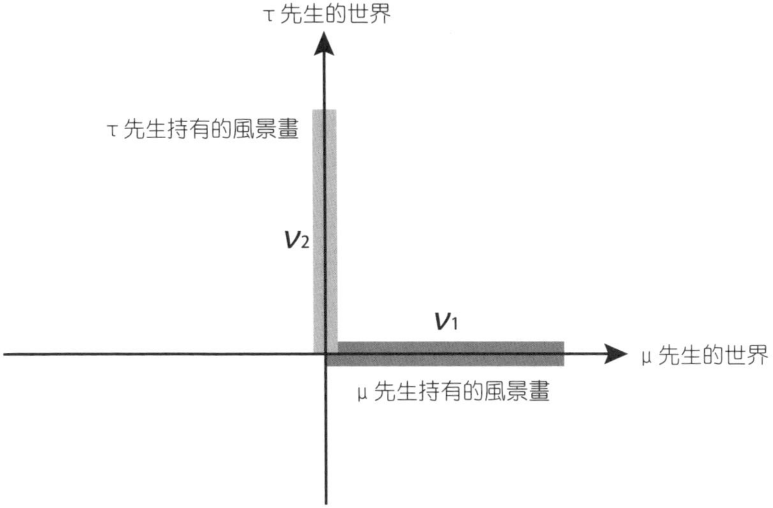
τ 先生的世界
τ 先生持有的風景畫
v_2
v_1
μ 先生的世界
μ 先生持有的風景畫

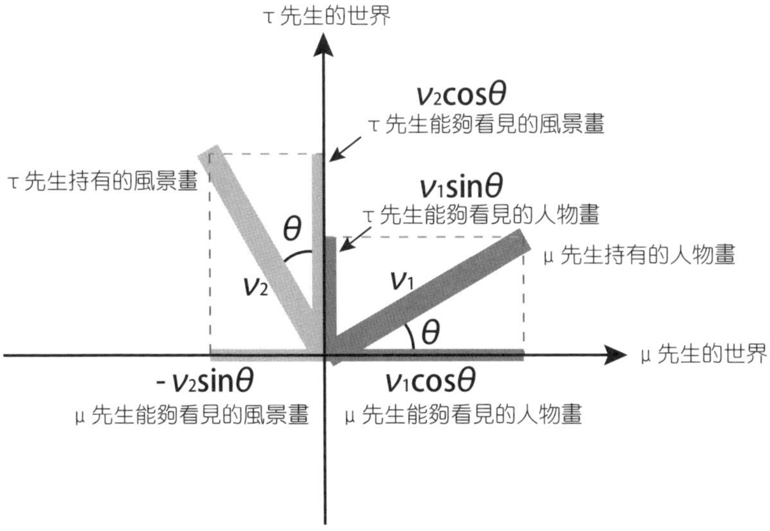
τ 先生的世界
$v_2\cos\theta$
τ 先生能夠看見的風景畫
τ 先生持有的風景畫
$v_1\sin\theta$
τ 先生能夠看見的人物畫
θ
μ 先生持有的人物畫
v_2
v_1
θ
μ 先生的世界
$-v_2\sin\theta$
μ 先生能夠看見的風景畫
$v_1\cos\theta$
μ 先生能夠看見的人物畫

景畫。

然而，僅有人物或者僅有風景的繪畫，令人覺得稍嫌不足。於是，μ先生和τ先生交流來往，彼此稍微讓步傾斜畫作（下圖）。

此時傾斜的角度為θ，如此一來，就能稍微看見對方收藏的畫作。但是，因為自己持有的畫作也傾斜，會變得不好觀看。即便如此，多虧彼此讓步，儘管兩者變成是斜方向觀看，但μ先生和τ先生變得能夠描摹人物畫和風景畫，將人物融入風景當中，畫出栩栩如生的畫作。

在融合人物畫和風景畫時，加入「斜方向觀看」的要素後，μ先生畫的圖會是人物畫（$v_1 \cos\theta$）＋風景畫（$-v_2 \sin\theta$）；τ先生畫的圖會是人物畫（$v_1 \sin\theta$）＋風景畫（$v_2 \cos\theta$）。然後，再回來看這個式子：

$$v_\mu = v_1 \cos\theta - v_2 \sin\theta$$
$$v_\tau = v_1 \sin\theta + v_2 \cos\theta$$

如前所述，表示向對方讓步多少、跟對方交流來往多深的θ值愈大，也就是畫作傾斜愈多，愈容易看見對方收藏的繪畫，能夠將對方的畫作融入自己的作品——與對方的混合程度變大。

雖然比喻得相當強硬，但各位有了解混合角的意涵嗎？

兩種微中子的混合可像這樣簡化討論，感覺稍微了解貓咪真正的心情，但實際上是三種類型的混合，變成三軸混合、立體的混合角後，突然就變得困難。剛才介紹混合三種類型的PMNS矩陣，一口氣變得非常複雜。二維角色的性格能夠單純地描述，處理起來較為容易，但現實的三維角色內心複雜，處理上需要小心注意。對三維對象感到疲憊而逃到二維世界的人，其心情也不是不能體會。

微中子振盪與拍頻

發生微中子振盪的另一條件是，其波成分 v_1、v_2、v_3 的波長彼此相異。波長相異會帶來什麼樣的效果呢？為了簡化說明，這邊也僅討論緲微中子和陶微中子兩種微中子的混合（兩波疊合）。

若兩波成分（v_1、v_2）的波長相同，也就是疊合相同波長的波，波僅會振幅變大，仍舊維持單調的波（圖48❶）。

另一方面，若是疊合不同波長的波，波會產生週期性的變化「拍頻（beat frequency）」（圖48❷）。然後，這個週期性的變化，正是我們看見的微中子種類變化。以這個例子來說，假設拍頻最大的地方（波峰）為緲微中子，拍頻最小的地方（波谷）為陶微中子，則隨著時間經過，緲微中子會轉為陶微中子，然後回到緲微中子，再轉為陶微中子……發生週期性的變化。

正因為這個週期性變化，所以才稱為微中子「振盪」。

那麼，在拍頻的波峰和波谷之間呢？在中間點放置偵測器觀測時，一部分會被觀測為緲微中子，另一部分會被觀測為陶微中子。以前面超級神岡探測器的觀測例子來說，

圖48　波的疊合

❶相同波長的波疊合

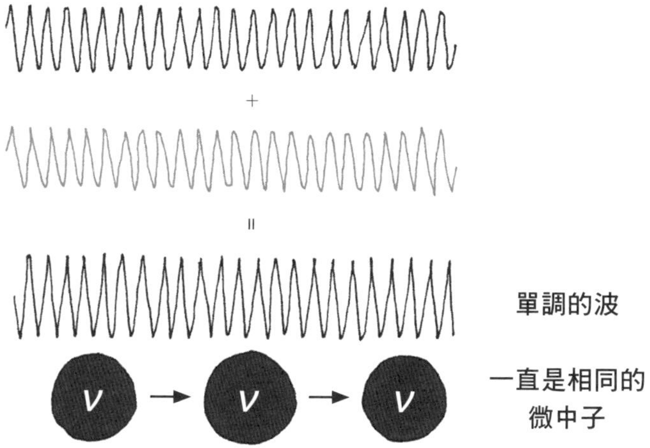

❷不同波長的波疊合

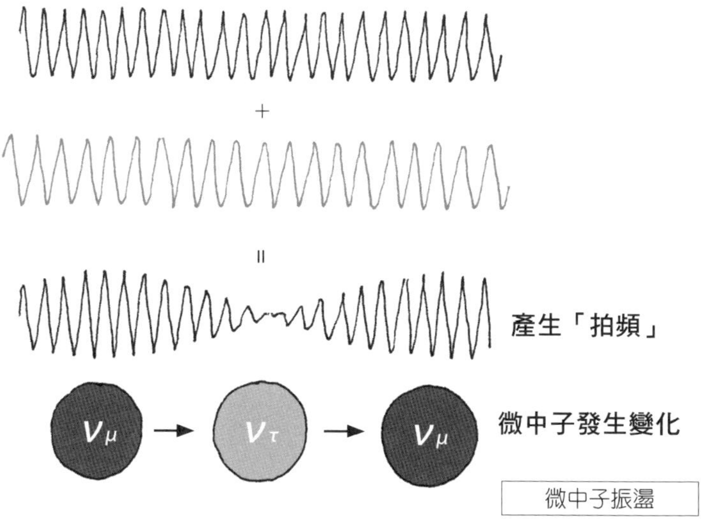

圖49　微中子振盪

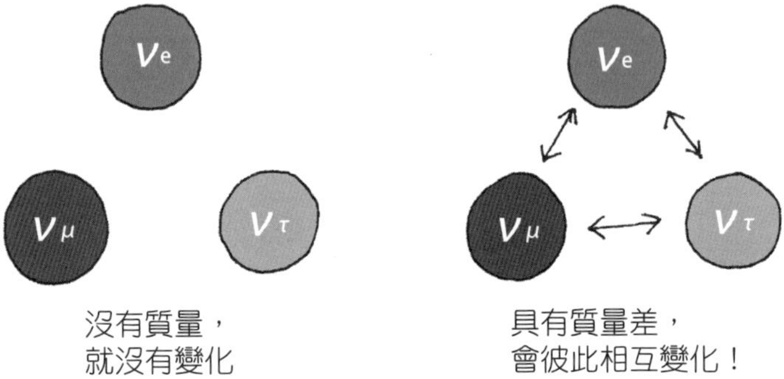

飛行一萬三千公里距離的180個微中子中，90個會被觀測為緲微中子，另外90個會被觀測為陶微中子。在拍頻波峰附近會觀測到較多的緲微中子，在波谷附近會觀測到較多的陶微中子。雖然實際的模樣僅會看到白貓（緲微中子）和黑貓（陶微中子），但若能解析箱中真正的情況（拍頻重疊的波）是什麼樣性格的人（原本是什麼樣的波？以什麼樣的比例疊合？），就能夠推測在什麼時間點打開箱子（觀測），看見白貓（緲微中子）的機率有多少。

在物理學上，波的波長（正確來說是其倒數的頻率）與能量（或者質量）相關。而且，發生微中子振盪的條件為波長不同、有差異，也就是指各微中子的質量「具有差異」。因為具有差異，理所當然，各微中子分別具有質量。這表示，若發生微中子振盪，微中子的質量會有所不同。

人工微中子的實驗

超級神岡探測器觀測到大氣微中子實際發生微中子振盪的證據，可謂世紀的大發現。然而，這是利用天然微中子的觀測結果。人類無法控制天然微中子的生成，生成的微中子條件等就僅能順其自然。日本的大氣與巴西的大氣想必是不同的。巴西是熱情洋溢的國家，大氣難道不會比較熱嗎？——不對，微中子的振盪肯定會發生，想要詳細調查裡頭發生什麼變化、振盪情況，生成人工的微中子來實驗會比較恰當。因為人類能夠控制生成微中子的條件。

因此，在我們的研究設施高能加速器研究機構的用地內（位於本部的筑波園區），建設了生成人工微中子的實驗設施，將製造的緲微中子射向距離二百五十公里遠的超級神岡探測器來展開實驗。

是不是覺得在哪邊聽過？沒錯，這是比開頭的T２K實驗更早，在筑波與神岡之間進行的前一世代實驗。

順便一提，高能加速器研究機構在當時稱為高能物理學研究所（ＫＥＫ），雖然聽起來像是ＮＨＫ，但這是取自日文羅馬拼音的暱稱。姑且辯解一下，因為世界各地有許多包含High Energy（粒子物理學）名稱的研究所，所以才從日文羅馬拼音簡稱來區別。其英文全名為High Energy Accelerator Research Organization，我們就用日文「高エネ研（高能研）」來稱自己的研究所。

再順便一提，大家每天運用於各個地方的ＷＥＢ，在日本，也是我們高能研最先導入。使用ＫＥＫ略稱的http://www.kek.jp是日本第一個ＵＲＬ。

這個從筑波高能研到超級神岡探測器的微中子飛行實驗是KEK to Kamioka，簡稱為Ｋ２Ｋ實驗。此實驗從一九九九年進行到二〇〇四年，漂亮地重現了大氣微中子的現象，證明了九十九・九九八％的機率會發生微中子振盪。

這項運用人工微中子的微中子振盪實驗取得大成功後，美國、歐洲也相繼展開類似的實驗，而率先全球進行此實驗的日本，則展開下一代的實驗，更高精密度地調查微中子的振動。這就是開頭介紹的Ｔ２Ｋ實驗。

從K2K到T2K

無論是大氣微中子的觀測還是K2K實驗，都是從緲微中子的數量減少，得到發生微中子振盪的結論，實際上並未直接偵測到緲微中子轉為其他微中子。如前所述，陶微中子不但難以生成陶子，壽命也僅有極短的29皮秒（ps），想經由超級神岡探測器偵測出來是極為困難。那麼，若能夠觀測到轉為剩下的另一個微中子——電微中子，將會是微中子振盪的直接證據。這曾經是T2K實驗第一階段的目標。

這邊會說「曾經」是因為，在二〇一〇年一月到二〇一三年五月間，T2K實驗完成世界首次發現從緲微中子轉為電微中子現象的壯舉，第一階段在大成功中結束了。

圖50是二〇一〇年五月十日該實驗最初觀測到，也是人類首次觀測到的緲微中子轉為電微中子的訊號。

然後，自二〇一四年開始，T2K實驗展開第二階段的實驗。挑戰在這個宇宙中，堪稱終極之謎的謎題。

圖50　人類首次捕捉到從緲微中子轉為電微中子的訊號

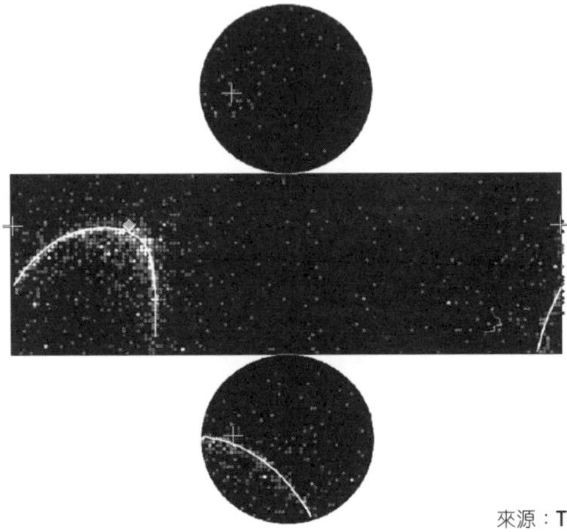

來源：T2K國際共同研究團隊

第五章

挑戰終極之謎

物質的起源

看到本章的標題，大家有什麼想法呢？

或者對大家來說，最大的謎團是什麼呢？

「我們為何存在？」可能是哲學上的終極問題，但這也可說是物理學上的終極之問。

請回想第二章的內容，提到物質和反物質必定成對生成，所以才稱為「對生成」。以我們自身為首，宇宙中存在眾多物質，生成這些物質的同時，也會產生反物質，理應存在跟物質相同數量的反物質，但周遭幾乎沒有反物質。如果存在一定數量的反物質，會在各處與物質反應發生對消滅，對消滅如同前述，會產生龐大的能量，所以應該都能夠察覺反應才對。

離開物質的地方，比如宇宙空間。根據至今眾多的觀測結果，可推測不存在相當數量的聚集。在這個宇宙，除了宇宙射線衝撞、核融合等反應，以及人類人工生成的之外，幾乎不存在反物質。這跟物質一開始就大量存在形成明顯的對比。物質與反物質如此不對稱的存在方式，就對生成的物質產生方式來看，明顯不合理。

現在的宇宙中，可由各種觀測、宇宙創生期的模擬等來推測物質的數量到底有多少。宇宙有像地球一樣物質極端集中的地方，也有如銀河之間幾乎一無所有的空間，物質的分布情況非常不均勻，但若將其全部平均分散來求宇宙的平均密度，則每立方公尺約僅有一個物質（電子、質子等粒子），真的是空蕩蕩的。

另一方面，若同樣對光（電磁波）的數量推算平均，則每立方公尺約有十億個。對居住在太陽附近的我們來說，數量相當少，宇宙幾乎可說是黑暗的，但即便如此，數量還是比物質多出十億倍。這些光大部分不是由恆星活動產生的，而是跟物質一樣，在宇宙創生期就被製造出來的（圖51）。

圖51　宇宙的粒子密度

若將全宇宙的星體（物質）粉碎後取平均，切成1立方公尺……

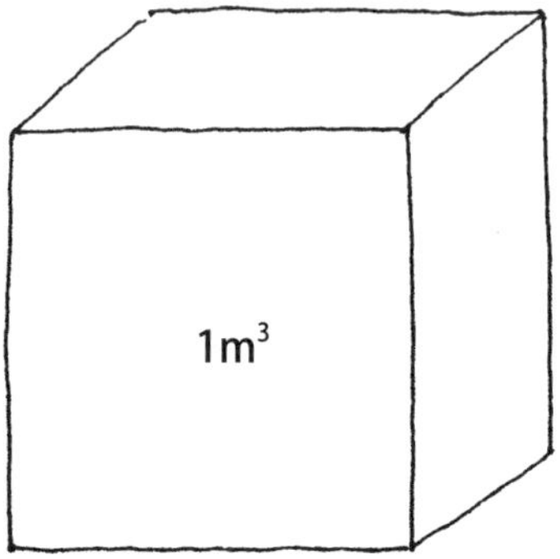

這邊來討論宇宙創生期究竟發生了什麼事情。

如大家所知，宇宙過去的狀態是聚集一點，逐漸膨脹進化。宇宙現在仍然持續膨張，根據能量守恆定律，宇宙的全部能量也會守恆，空間擴大，相對地，能量密度會減少。能量密度與溫度成正相關，所以宇宙膨脹後會逐漸冷卻。關於這部分的內容，在拙著《宇宙的起源》（暫譯。宇宙のはじまり）與《跟著怪咖物理學家一起跳進黑洞！》（すごい宇宙講義，聯經出版公司）有詳細記述，務必參考看看。

這邊試著從別的觀點來看能量密度下降的情況。

圖52　宇宙年表

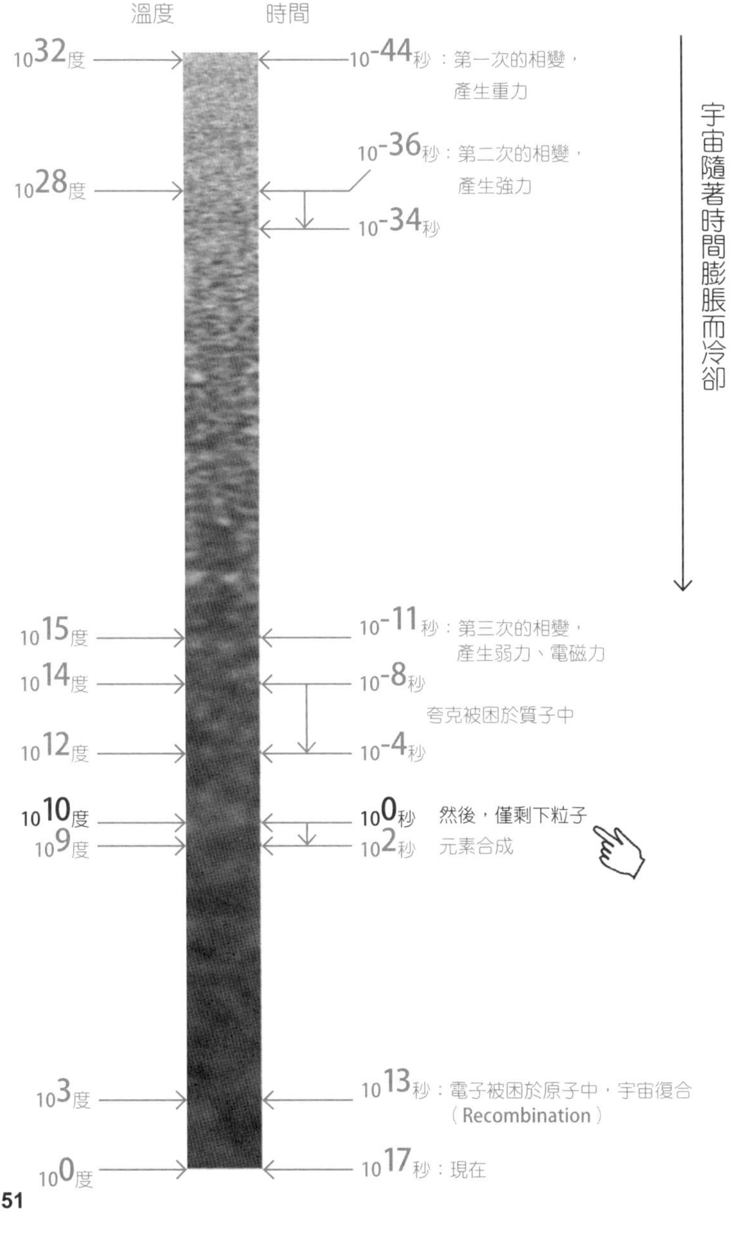
溫度
時間
10^{32}度
10^{-44}秒：第一次的相變，
產生重力
10^{-36}秒：第二次的相變，
產生強力
10^{28}度
10^{-34}秒
宇宙隨著時間膨脹而冷卻
10^{15}度
10^{-11}秒：第三次的相變，
產生弱力、電磁力
10^{14}度
10^{-8}秒
夸克被困於質子中
10^{12}度
10^{-4}秒
10^{10}度
10^{0}秒
然後，僅剩下粒子
10^{9}度
10^{2}秒
元素合成
10^{3}度
10^{13}秒：電子被困於原子中，宇宙復合
（Recombination）
10^{0}度
10^{17}秒：現在

比如，討論光存在的空間膨脹，由於存在的空間本身膨脹，所以光可想成跟著被拉長（圖53）。光被拉長後會發生什麼事呢？答案是波長變長。在第四章（142頁）提到波長的倒數與能量成正相關，能量與波長正好成反比，所以被拉長的光，相對地能量會下降。

如前所述，伴隨著宇宙膨脹——換言之，隨著時間經過，光的能量會逐漸下降，這代表什麼意思呢？

雖然任何粒子都一樣，但這邊針對電子來討論。

如第二章所述，想要產生成對的電子和正電子，至少需要1MeV的能量。微波爐難以產生如此龐大的能量，但宇宙初期的空間非常狹小，由現在來看是被壓縮的狀態，所以光的波長非常短，內含的能量會遠高於1MeV，到處都會產生成對的電子和正電子。如同字面上的意思，處於「電子」爐的狀態。

由於空間遭受壓縮變得極為狹隘，電子和正電子馬上就會衝撞，對消滅變回光。可是，該光的能量依舊高昂，又會再次產生成對的電子和正電子。

圖53　宇宙的膨脹

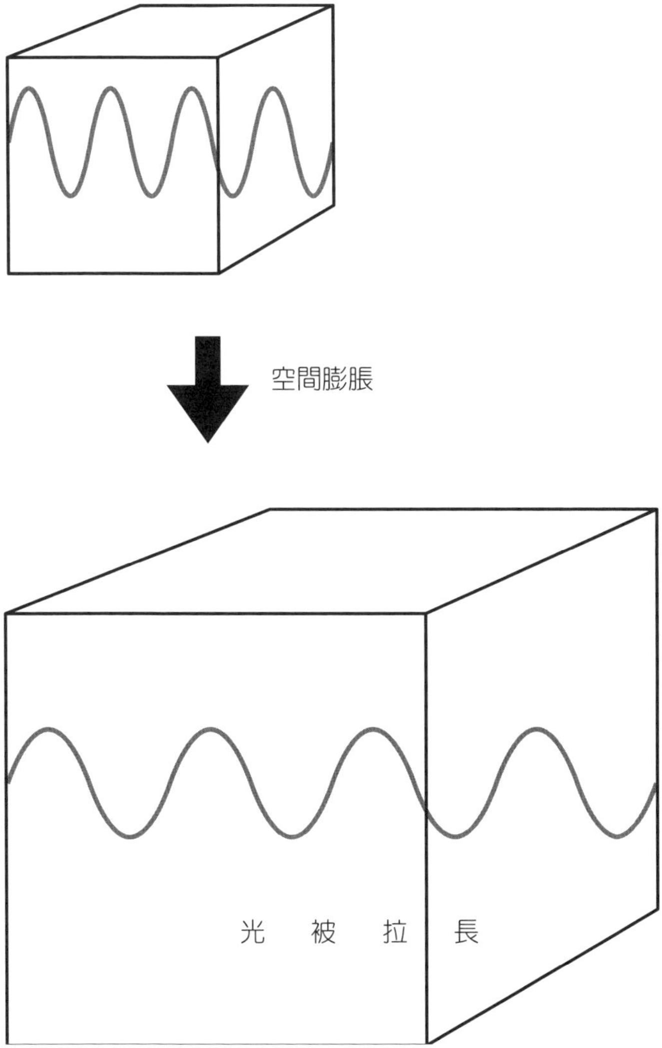

然而，此現象發生的同時，宇宙也在膨脹、空間慢慢變得寬廣，產生的光逐漸被拉長——能量逐漸下降。然後，在某個時間點，能量降到低於1 MeV後——光就不再產生成對的電子和正電子，對生成就此打住（圖54）。之後只剩下成對的電子、正電子對消滅相繼消失。此現象發生在宇宙誕生後一秒，溫度為一百億（10^{10}）度的時候（圖52☞）。

為了簡化說明，假設此時殘留的成對電子和正電子有八組，則這八組情侶（光）會全數消滅，終成眷屬（圖55）。

然而，若是電子和正電子的數量不同，假設電子有八個、正電子有七個，這時情況會如何呢？成就了七對情侶，然後——遺憾地，多出一個電子。這個多餘的電子沒有成對，沒辦法終成眷屬（對消滅），往後必定孤獨一身，在宇宙中永久生活。

上述例子是光有七個、電子有一個，也就是形成光和物質比為七：一的宇宙。在實際的宇宙中，光和物質的比例為十億：一，由此推測，最後對消滅之前的物質和反物質比應該是：

1,000,000,001：1,000,000,000

圖54　物質的生成

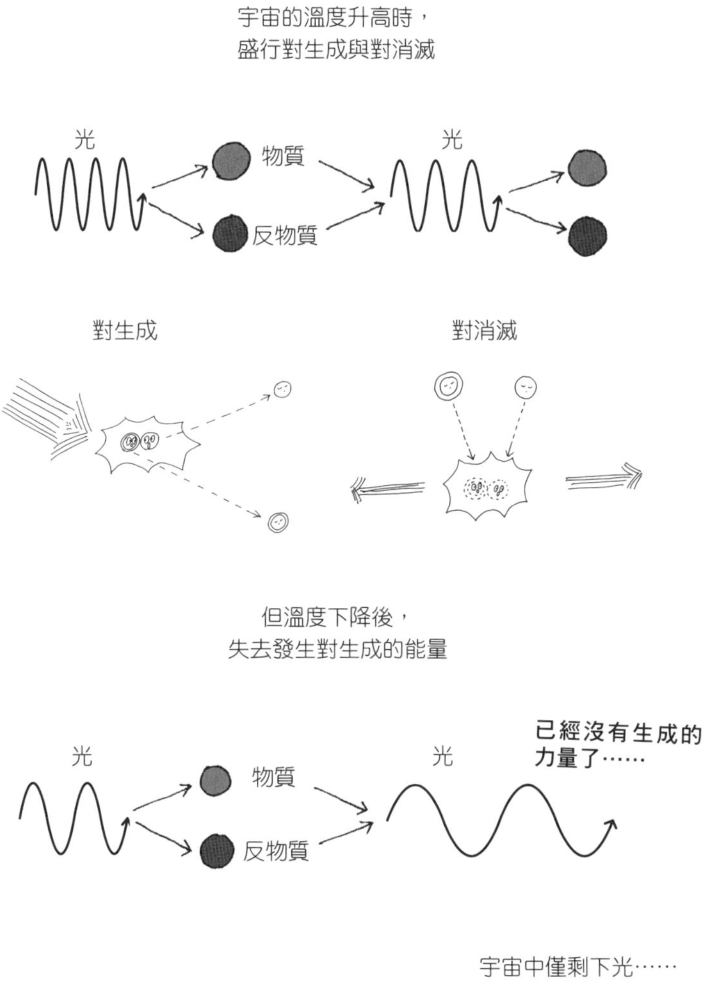
宇宙的溫度升高時，
盛行對生成與對消滅
光
物質
反物質
光
對生成
對消滅
但溫度下降後，
失去發生對生成的能量
光
物質
反物質
光
已經沒有生成的
力量了……
宇宙中僅剩下光……

圖55　成對的物質與反物質

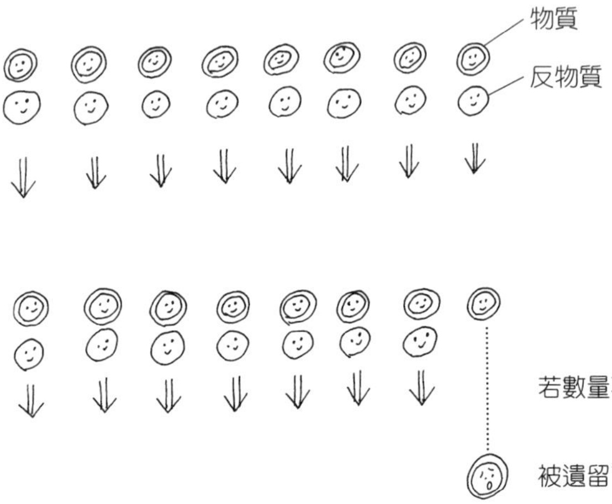
若數量相同，全部會變成光！
若數量不同……
被遺留下來。

換言之，差異非常微小，僅相差十億分之一，但物質和反物質的數量不同。七組情侶對上一條單身狗，還勉強能夠忍受，但若是十億組情侶對上一條單身狗，肯定是生不如死——不，應該說本來生成相同數量的物質和反物質、粒子和反粒子，在反覆對生成與對消滅的過程中，不曉得為何在發生最後的對消滅之前，出現十億分之一的數量差距。為什麼會產生這般不平衡的情況呢？解明此問題的答案，正是揭發「我們為何存在？」終極之謎的關鍵。

雖然也不是不能解釋為「本來就是這樣的東西」，但所謂的物理學家，就是對某現象一定要找出其中理由的人種。或許在哲學上的黑貓「不應該存在於那裡」，但在科學上的黑貓確實存在，所以物理學家絕對無法停下尋找貓咪。

壽命的不同

難道沒有方法能夠說明此現象嗎？比如，粒子和反粒子的壽命不同如何呢？假設反粒子的壽命比較短，在反覆對生成、對消滅的過程中，反粒子的數量減少了。

雖說是壽命，但並不意指所有粒子要一起崩壞。粒子的崩壞到底只是機率的問題，粒子就像貓咪一樣反復無常。統計在不同時間任意崩壞的粒子後可知，平均抵達崩壞的所需時間就是壽命。人類也是將每個人不同的死亡時間平均化以算出壽命。

大家知道日本的男女人口比例嗎？這個問題跟我們切身相關，比起宇宙的物質和反物質不平衡更為嚴重。根據稍微老舊的統計資料顯示，二〇一〇年的日本男女比為0.95：1。男性的數量稍微少了些。

然而，另一方面，日本的男女出生比率如何呢？同樣，二〇一〇年的日本男女比為

1.06：1，這次是男性的數量比較多。請各位注意，明明男性出生數比較多，但存在總數卻是女性比較多。為什麼會發生這樣的事情呢？答案很明顯，因為男性的壽命比較短。如上所述，即便出生時的數量相同（或者相反的比例），若是壽命不同，該處存在的個數就會出現差異。

被稱為終極之謎的問題，轉眼間就解決了呢！不過，這僅是錯覺而已。若以壽命不同來說明，會衍生出新的謎團：「那麼，為什麼粒子和反粒子的壽命會不同呢？」

對稱性

在這裡，請各位試著回想第二章的內容，再一次討論粒子和反粒子。粒子和反粒子宛若雙胞胎，僅有某些特定性質反轉。

其一是電荷。前面提到反轉電荷後，會變成完全相同的東西。「貸款」和「借錢」僅是調換立場（電荷反轉）而已，實際上是在說同一件事情。

然後，粒子和反粒子還有另一項必須反轉的性質——自旋的方向。自旋分為左旋和右旋，在粒子和反粒子中會發生反轉。

在身邊尋找空間上左右反轉且成對的東西，大家應該會注意到最切身的例子——雙手。姑且不論皺紋等細微處，左右手正好是左右對稱，雙手合起來更能夠體會這件事情。雖然可以使用左右手來討論，但這樣會沒辦法拿著本書閱讀。

那麼，有沒有方法能讓右手繼續拿著書籍，僅用左手來體會空間上的對稱嗎？當然有，我們可以使用鏡子。將鏡子置於中央，左手伸到鏡子前面，觀察左手的實像和映照出的鏡像，就能邊閱讀本書邊目視空間上的對稱來討論。實際扭轉左手腕，試著向左旋轉，則鏡像應該會向右旋轉。這就是實像（粒子）和鏡像（反粒子）在空間上對稱。此時，映照鏡子的操作稱為宇稱變換（parity transformation）。

粒子和反粒子進行電荷反轉、宇稱變換後，基本上就能彼此完全重合，也就是兩者除了對稱反轉，完全一模一樣。取電荷（Charge）和宇稱（Parity）的字頭，此對稱性就稱為「CP對稱性」。再重申一次，CP對稱性是指電荷反轉和宇稱變換後會是完全相同的東西，粒子和反粒子的關係完全遵守此對稱性。

圖56　宇稱對稱性

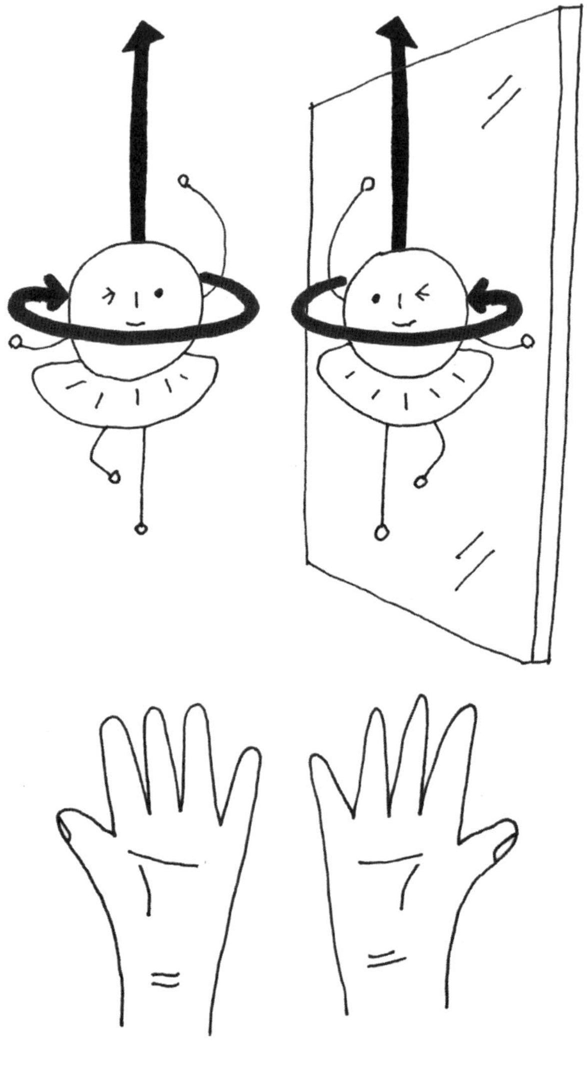

宇稱反轉的鬼故事

抱歉又要來講題外話，我很喜歡鬼故事、都市傳說，一有時間，像是在等電車時，就會閱讀相關文章。恐不恐怖取決於文筆的好壞，無論多麼恐怖的故事，若是文筆拙劣，讀起來就不恐怖，非常掃興。

使用Google搜尋故事時，也會找到一些恐怖影片，裡頭令我感到毛骨悚然的是，少女坐在鏡子前的影片。少女一開始背對著鏡頭，而鏡中的少女為宇稱反轉的狀態，少女一動起來，鏡像就會跟著對稱地動起來，播放到最後，少女回頭轉向鏡頭（也就是看向觀眾），但鏡中的少女竟然沒有對稱地轉頭，繼續直直地瞪著這邊。這是非常精緻的特攝影片，但若是實際發生類似的事情，不覺得令人毛骨悚然嗎？

前面提到的壽命不同，如果這個鏡像未遵守ＣＰ對稱性——「對稱性破缺（Symmetry Breaking）」——自己和鏡像的壽命不一樣，可能在某時間點，鏡像先死去，自己明明還活著，鏡中卻完全映照不出自己的姿態。這異常事態能夠寫出一部小說。在吸血鬼的故事中，吸血鬼照不了鏡子，或許就是因為對稱性破缺的緣故。

如前所述，ＣＰ對稱性破缺是一大要事，在物理學的標準理論，大前提都是必須遵守這個對稱性。然而，若粒子和反粒子的壽命真的不一樣，就違背此大前提，粒子恐怕會在某個時間點後就沒辦法看見自己的姿態（反粒子）——實際上，我們的宇宙正是這樣的情況。鏡子映照不出姿態，鏡像（反粒子）不存在，僅有粒子的宇宙。

ＣＰ對稱性破缺與其理論

ＣＰ對稱性的破缺起初跟宇宙的形成完全無關，是由實驗觀測出來的現象。在第四章談到了介子，其中Ｋ介子分為四種：由奇夸克（strange quark）和反上夸克構成的K^-介子；由反奇夸克和上夸克構成的K^+介子（K^-介子的反粒子）；由反奇夸克和下夸克構成的K^0介子；由奇夸克和反下夸克構成的反K^0介子。在一九六四年，調查K^0介子崩壞的過程中，發現了ＣＰ對稱性破缺。宇宙形成的各種假說只不過是情況證據（circumstantial evidence：間接證據），無庸置疑地ＣＰ對稱性破缺是最早經由實驗直接找到的證據，發現此現象的詹姆斯・克羅寧（James Cronin）因而獲頒諾貝爾獎。

早在理論之前，人們就先從現象中發現了ＣＰ對稱性破缺，由於是過往理論無法解釋的現象，而且物理學畢竟是一門科學，所以絕對需要說明黑貓存在、該現象的理論，而不是「現實就是如此，不要深究理由地接受」。重要的是，除了該現象以外，其餘皆可用傳統的物理學來說明，所以不是一口氣破壞構築全新的理論體系，而是稍微修正來解釋新發現的現象。

這個研究帶來的成果是讓小林教授和益川教授於二〇〇八年獲頒諾貝爾獎。其理論稱為小林・益川理論。雖然這篇論文發表於一九七三年，但作為基本粒子物理學的論文，卻是至今引用數為歷代第二名的偉大論文〔歷代第一名的是溫伯格—薩拉姆理論（Weinberg-Salam Theory）的論文〕。

前面提到，基本粒子的反應基本上只會在同一世代間發生（表5）。中子崩壞成質子、電子、反電微中子的反應，會在第一代之間完結；即便是緲微中子跟中子反應時，出現的粒子也是緲子。如前所述，同世代的基本粒子之間容易彼此反應。人類也是如此，相同世代之間的談話比較投緣、容易交流來往。

表5　構成物質的基本粒子

	第一代	第二代	第三代
夸克	u 上夸克	c 魅夸克	t 頂夸克
	d 下夸克	s 奇夸克	b 底夸克
輕子	e 電子	μ 緲子	τ 陶子
	ν_e 電微中子	ν_μ 緲微中子	ν_τ 陶微中子

另一方面，不一樣世代的人可能會產生代溝，談話總是熱絡不起來。即便如此，應該還是會有一些跨越世代的共同話題。在基本粒子的世界，也存在不同世代間的交流來往——不同世代之間的混合。在小林・益川理論之前，也有闡述世代間「混合」的理論。小林・益川理論討論了能否藉由世代間的混合，說明發現的CP對稱性破缺。

若是三世代間就能夠順利

K介子是由第二代的奇夸克和第一代的下夸克或者上夸克所構成，此理論的論文前半段，先由兩世代間的混合切入，理論性驗證是否發生CP對稱性破缺，結果並不順利。然後，在論文的後半段，討論到夸克的第三世代（6種類），記述了若是三世代間發生混合，就能夠解釋對稱性的破缺。

按照慣例，以下又來談不大相關的題外話，我的父親是全心奉獻工作的典型昭和男子，不擅長跟家人溝通交流，以前是位不怒而威的人，聽說我姊姊小時候光是看到父親就會哭。父親和姊姊兩世代之間，過去交流得不太順利。

然而，姊姊結婚生下孩子後，也就是父親有了孫子後，父親彷彿變了一個人似的，變成溺愛孫子的祖父，父親、姊姊和孫子現在關係融洽得令人吃驚。三世代齊聚一堂後，大家的溝通交流變得圓滑，世界才開始順利運轉。基本粒子的世界，也神奇地像是這樣子吧。

ＣＫＭ矩陣

小林・益川理論中，是使用「ＣＫＭ矩陣」來描述三世代夸克的混合程度。Ｋ是小林教授、Ｍ是益川教授的羅馬拼音字首，Ｃ則是指在小林・益川理論之前，討論夸克混合的義大利物理學家尼古拉・卡比博（Nicola Cabibbo）。為了不擅長數學式的人，以下也寫出ＣＫＭ矩陣（這邊不用小林・益川理論原論文的表記，而使用稱為「標準表記」的寫法）：

$$\begin{bmatrix} \cos\theta_{12}\cos\theta_{13} & \sin\theta_{12}\cos\theta_{13} & \sin\theta_{13}e^{-i\delta} \\ -\sin\theta_{12}\cos\theta_{23}-\cos\theta_{12}\sin\theta_{23}\sin\theta_{13}e^{i\delta} & \cos\theta_{12}\cos\theta_{23}-\sin\theta_{12}\sin\theta_{23}\sin\theta_{13}e^{i\delta} & \sin\theta_{23}\cos\theta_{13} \\ \sin\theta_{12}\sin\theta_{23}-\cos\theta_{12}\cos\theta_{23}\sin\theta_{13}e^{i\delta} & -\cos\theta_{12}\sin\theta_{23}-\sin\theta_{12}\cos\theta_{23}\sin\theta_{13}e^{i\delta} & \cos\theta_{23}\cos\theta_{13} \end{bmatrix}$$

這邊出現四個參數，θ_{12}、θ_{23}、θ_{13}分別表示第一代和第二代的混合程度、第二代和第三代的混合程度、第一代和第三代的混合程度；δ表示ＣＰ對稱性的破缺程度。在僅討論兩世代混合的兩行兩列矩陣，不會出現含有δ的項。第一代和第二代的兩世代混合的矩陣為：

$$\begin{bmatrix} \cos\theta & \sin\theta \\ -\sin\theta & \cos\theta \end{bmatrix}$$

θ 為描述混合程度的參數，因為是兩世代之間，所以混合組合僅有一種，θ 也只有一種。是不是覺得在哪裡看過這個矩陣呢？答案晚點再揭曉，我們再接著談夸克的混合。

夸克的世代間混合

此處，回想一下前面出現過的中子和緲子的反應：

$$n + (\nu_\mu) \rightarrow p + (^-\mu)$$

提到中子跟質子差在一個下夸克和一個上夸克不同，所以反應可如下改寫：

$$(^+d) + (\nu_\mu) \rightarrow (^+u) + (^-\mu)$$

在這邊，緲微中子（ν_μ）和緲子（$^-\mu$）是同一世代；下夸克（^+d）和上夸克^+u也是同一世代，輕子和夸克都是在相同世代間發生反應。

那麼，K介子如何呢？以K^+介子為例，有好幾種崩壞模式，比如下面這個崩壞成2個π^+介子和1個π^-介子的反應：

$$K^+ \rightarrow \pi^+ + \pi^+ + \pi^-$$

K^+介子是由反奇夸克（^-s）和上夸克（^+u）所構成；π^+介子是由上夸克（^+u）和反下

夸克（–d）所構成；π^-介子是由反上夸克（–u）和下夸克（+d）所構成，所以反應式可如下改寫：

(–s)＋(+u)→(+u)＋(–d)＋(+u)＋(–d)＋(–u)＋(+d)

右邊的上夸克和反上夸克對、下夸克和反下夸克對各抵銷一組，變成：

(–s)＋(+u)→(+u)＋(–d)

兩邊同樣出現的上夸克相互抵銷後，最後變成：

–(s)→(–d)

反奇夸克（第二代）轉為反下夸克（第一代），發生跨越世代的反應（表6）。這是混合不同世代才有可能發生的反應，是夸克發生世代間混合的證據。

小林．益川理論的衝擊

小林．益川理論發表的當時，是相當令人吃驚的內容。因為當時只知道上夸克、下夸克、奇夸克三種，僅發現到第二代而已。儘管如此，此理論預言了還有另外三種新夸克以及一個新的世代。因此，在當時的物理學家中，應該很多人都抱持懷疑的態度。

然而，後來如同這項理論的預言，在一九七四年發現魅夸克（charm quark）；在一九七七年發現底夸克（bottom quark）；在一九九五年發現頂夸克（top quark），證明了三世代、六種夸克模型的正確性。理論上，新粒子的存在是必要不可欠缺的，後來隨著時間的經過才發現該粒子——在微中子領域中也看過完全相同的歷史演進，基本粒子物理學的歷史，正是這類情況延續。

表6　構成物質的基本粒子

	第一代	第二代	第三代
夸克	u 上夸克	c 魅夸克	t 頂夸克
	d 下夸克	s 奇夸克	b 底夸克
輕子	e 電子	μ 緲子	τ 陶子
	ν_e 電微中子	ν_μ 緲微中子	ν_τ 陶微中子

	第一代	第二代	第三代
反夸克	$\bar{u}$ 反上夸克	$\bar{c}$ 反魅夸克	$\bar{t}$ 反頂夸克
	$\bar{d}$ 反下夸克	$\bar{s}$ 反奇夸克	$\bar{b}$ 反底夸克
反輕子	$\bar{e}$ 正電子	$\bar{\mu}$ 反緲子	$\bar{\tau}$ 反陶子
	$\overline{\nu_e}$ 反電微中子	$\overline{\nu_\mu}$ 反緲微中子	$\overline{\nu_\tau}$ 反陶微中子

然後，在二十世紀末到二十一世紀初，使用了B介子進行更詳盡的CP對稱性破缺的驗證實驗，其結果如同理論預測。自發表經過三十年，才證明小林・益川理論是完全正確的。

益川教授是我就讀京都大學時的教授，升上研究所後，教授也擔任了京都大學的基礎物理學研究所所長。小林教授是我任職高能加速器研究機構的基本粒子原子核研究所時的所長，後來我從小林教授手上接過辭呈。兩人在我還是學生的時候，就被認為哪天被獲頒諾貝爾獎也不奇怪。然而，教授們獲得諾貝爾獎的時間點，是在該理論發表後三十五年的二〇〇八年。會歷經這麼久的時間是因為，在科學的世界，必須經由實驗證明理論的正確性。

能夠重現的實驗和說明該現象的理論，當這兩根柱子備齊，才具備科學上的意義。

我們的研究所（高能物理學研究所）和美國SLAC（Stanford Linear Accelerator Center，現SLAC National Accelerator Laboratory），分別使用獨自的加速器進行前面利用B介子的CP對稱性破缺實驗，經過一番激烈競爭，最後由高能研團隊獲得勝利。構築這項偉大理論的是日本人，證明其正確性的也是日本的加速器設施（KEKB）和實驗設施（BELLE）。

這並非偶然，理論和實驗總像是合作關係，在產生優異理論的地方，也會進行優異的實驗。我認為KEKB和BELLE之所以能夠戰勝SLAC，正是因為抱有「讓小林教授和益川教授獲得諾貝爾獎的人，必須是我們日本的實驗設施才行」的執著。

微中子的CP對稱性破缺

如前所述，人類成功說明了夸克的CP對稱性破缺，也發現了實際的現象。然而，構成物質的基本粒子並非僅有夸克。輕子若沒有達成相同的事情，只能說是完成一半。

在小林・益川理論中，為了說明夸克的CP對稱性破缺，導入了三世代間的混合。對讀到這邊的讀者來說，是不是覺得「世代間的混合」在哪邊聽過呢？沒錯，在第四章講解的微中子振盪理論，正是處理輕子（微中子）世代間混合的理論。說明微中子的CP對稱性破缺的理論，早就已經完成了！

以下再來看描述微中子混合的PMNS矩陣。

$$\begin{bmatrix} \nu_e \\ \nu_\mu \\ \nu_\tau \end{bmatrix} = \begin{bmatrix} 1 & 0 & 0 \\ 0 & \cos\theta_{23} & \sin\theta_{23} \\ 0 & -\sin\theta_{23} & \cos\theta_{23} \end{bmatrix} \begin{bmatrix} \cos\theta_{13} & 0 & \sin\theta_{13}e^{-i\delta} \\ 0 & 1 & 0 \\ -\sin\theta_{13}e^{i\delta} & 0 & \cos\theta_{13} \end{bmatrix} \begin{bmatrix} \cos\theta_{12} & \sin\theta_{12} & 0 \\ -\sin\theta_{12} & \cos\theta_{12} & 0 \\ 0 & 0 & 1 \end{bmatrix} \begin{bmatrix} \nu_1 \\ \nu_2 \\ \nu_3 \end{bmatrix}$$

這邊出現的θ_{12}、θ_{23}、θ_{13}三個混合角如前面的講解，而第四章才出現的另一個參數δ，正是用來描述CP對稱性的破缺程度。是不是也覺得在哪邊聽過呢？

對數學式不陌生的人，應該看到PMNS矩陣就已經注意到了，但為了沒有看出來的人，我們來整理這個矩陣吧。換言之，實際乘開三個矩陣的內積，形成一個行列式。還記得高中矩陣運算的人，請試著自己計算看看。相乘後的結果如下：

$$\begin{bmatrix} \cos\theta_{12}\cos\theta_{13} & \sin\theta_{12}\cos\theta_{13} & \sin\theta_{13}e^{-i\delta} \\ -\sin\theta_{12}\cos\theta_{23}-\cos\theta_{12}\sin\theta_{23}\sin\theta_{13}e^{i\delta} & \cos\theta_{12}\cos\theta_{23}-\sin\theta_{12}\sin\theta_{23}\sin\theta_{13}e^{i\delta} & \sin\theta_{23}\cos\theta_{13} \\ \sin\theta_{12}\sin\theta_{23}-\cos\theta_{12}\cos\theta_{23}\sin\theta_{13}e^{i\delta} & -\cos\theta_{12}\sin\theta_{23}-\sin\theta_{12}\cos\theta_{23}\sin\theta_{13}e^{i\delta} & \cos\theta_{23}\cos\theta_{13} \end{bmatrix}$$

形式跟前面描述夸克混合的ＣＫＭ矩陣完全相同。當然，θ_{12}、θ_{23}、θ_{13}、δ等各參數數值會因夸克和微中子而異，但形式完全相同。由此顯見，說明夸克、微中子世代間混合的小林・益川理論，與微中子振盪理論是彼此相對的。

挑戰終極之謎的實驗

若有了理論，就得有證明其正確性的實驗。這個為了發現微中子ＣＰ對稱性破缺的實驗，正是第四章最後提到Ｔ２Ｋ實驗的第二階段目標——最終目標。

具體來說，生成緲微中子射向神岡，與生成反緲微中子射向神岡，並找出兩微中子振盪情況的不同。如果有顯著的差別，則粒子（微中子）和反粒子（反微中子）之間存在差異，換言之，證明了ＣＰ對稱性破缺。然後，若是微中子發生ＣＰ對稱性破缺，將會是世紀大發現！我們自二〇一四年開始第二階段的實驗，日夜將反緲微中子和緲微中子射向神岡。但是，在第二階段的實驗中，需要收集的數據比第一階段還多一位數，路途相當遙遠。

正因為是如此重要的實驗，理所當然存在競爭對手。如同BELLE實驗有SLAC，我們T2K實驗也有強勁的競爭對手——美國費米國立加速器實驗室（**Fermi National Accelerator Laboratory**：FNAL）進行的NOνA實驗。雖然在拙著《基本粒子物理超入門》有稍微提到，但當時主要是第一階段，也就是捕捉緲微中子轉為電微中子的實驗勁敵。第一階段的實驗競爭，在二〇一三年以日本完全勝利告終。然而，在下一階段發現更為重要的CP對稱性破缺，為了贏過我們T2K實驗，FNAL傾注全力在這項實驗上。

如果微中子CP對稱性破缺的發現，也是由我們T2K實驗獲勝，再加上前面的小林・益川理論的驗證實驗，在揭發CP對稱性破缺及「我們為何存在？」的終極之謎上，將由日本的團隊完全稱霸夸克、輕子、理論以及實驗，完成非凡的偉業。

在此，拉開了絕對不能輸的戰爭序幕。

結尾

二〇〇四年，我任職高能加速器研究機構，進入微中子團隊（T2K團隊），在當年舉辦的協同合作會議（T2K實驗成員齊聚一堂的國際會議）上，初次與梶田教授相遇。為我介紹的高能研前輩說道：「梶田教授是何時獲頒諾貝爾獎也不奇怪的人喔。」但他的嘴巴總是非常甜，當時只是心想「前輩又來了」，沒想到那句話真的成為現實。

各位讀者可能不曉得，日本傳統上在基本粒子物理學領域是君臨世界最高峰，尤其在微中子的研究上，更是站在領先全球的立場。在梶田教授獲獎之前的二〇〇二年，小柴教授獲頒物理學獎，這可能讓有些讀者產生日本在微中子研究上連續獲獎的印象。

其實，在這兩人之間，還有一位絕對不能忘記、偉大的微中子研究物理學家——戶塚洋二教授。戶塚教授也留下了被認為「何時獲頒諾貝爾獎也不奇怪」的功績，但遺憾的是，他在二〇〇八年辭世，未能獲得獎項。

戶塚教授是我任職高能研時的機構長，猶記教授第一次跟我搭話時說道：「你總是穿著靴子耶。」但我卻在內心狂喊：「竟然沒看到我的金髮，而是注意到靴子啊！」

這本書我最想獻給戶塚教授。

關於本書的執筆，我要對許多上至上最深、最深的謝意，有直接見面時被提出各種要求，仍舊微笑幫忙重畫多次的插畫師上路菜乃子小姐；因為大幅拖欠增添許多麻煩，卻仍舊幫忙校正原稿的平本先生（Paper House）和DTP的松井先生；以及在孩子出生辛苦養兒育女之際，因不太動筆的我而承受莫大辛勞，卻仍舊全力協助本書付梓出版的高良編輯。

真的非常感謝您們。

Note

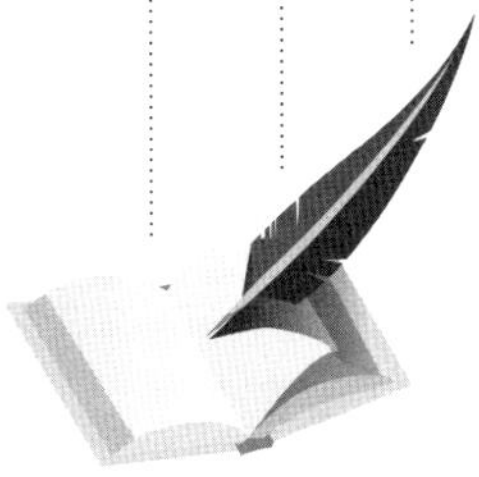

國家圖書館出版品預行編目(CIP)資料

微中子：挑戰物理學「最大之謎」，一本書讀懂諾貝爾獎的研究 / 多田將作；衛宮紘譯. -- 初版. -- 新北市：世茂出版有限公司, 2021.02
面；　公分. --（科學視界；252）

ISBN 978-986-5408-43-5（平裝）

1.微中子 2.物理學

339.415　　109019423

科學視界 252

微中子：挑戰物理學「最大之謎」，一本書讀懂諾貝爾獎的研究

作　　者 / 多田將
審 訂 者 / 王子敬
譯　　者 / 衛宮紘
主　　編 / 楊鈺儀
責任編輯 / 陳怡君
封面設計 / LEE
出 版 者 / 世茂出版有限公司
負 責 人 / 簡泰雄
地　　址 / (231)新北市新店區民生路19號5樓
電　　話 / (02)2218-3277
傳　　真 / (02)2218-3239（訂書專線）
劃撥帳號 / 19911841
戶　　名 / 世茂出版有限公司　單次郵購總金額未滿500元（含），請加80元掛號費
世茂網站 / www.coolbooks.com.tw
排版製版 / 辰皓國際出版製作有限公司
印　　刷 / 傳興彩色印刷有限公司
初版一刷 / 2021年2月
二刷 / 2023年1月

I S B N / 978-986-5408-43-5
定　　價 / 320元

EUTRINO by Sho Tada
Cover photograph by Kamioka Observatory, ICRR, the University of Tokyo
Illustrated by Naoko Kamiji

Original Japanese edition published by EAST PRESS CO., LTD.

This Traditional Chinese edition published by arrangement with EAST PRESS CO.,LTD.,Tokyo,through HonnoKizuna,Inc.,Tokyo,and AMANN CO.,LTD.